中国重要农业文化遗产系列读本

闵庆文　赵英杰　◎丛书主编

浙江 —ZHEJIANG—

德清淡水珍珠传统养殖与利用系统

DEQING DANSHUI ZHENZHU CHUANTONG YANGZHI YU LIYONG XITONG

王斌　闵庆文　周志方　主编

U0364664

中国农业出版社
农村读物出版社
北京

图书在版编目（CIP）数据

浙江德清淡水珍珠传统养殖与利用系统／王斌，闵
庆文，周志方主编．—北京：中国农业出版社，2019.11
（中国重要农业文化遗产系列读本／闵庆文，赵英
杰主编）
ISBN 978-7-109-25691-0

Ⅰ．①浙…　Ⅱ．①王…　②闵…　③周…　Ⅲ．①珍珠养
殖－淡水养殖－研究－浙江　Ⅳ．① S966.23

中国版本图书馆 CIP 数据核字（2019）第 142975 号

浙江德清淡水珍珠传统养殖与利用系统

中国农业出版社出版

地址：北京市朝阳区麦子店街 18 号楼

邮编：100125

责任编辑：张　丽

责任校对：巴红菊

印刷：中农印务有限公司

版次：2019 年 11 月第 1 版

印次：2019 年 11 月第 1 次印刷

发行：新华书店北京发行所发行

开本：710mm×1000mm　　1 /16

印张：11.75

字数：160 千字

定价：59.00 元

编写委员会

丛 书 主 编：闵庆文　赵英杰

主　　　编：王　斌　闵庆文　周志方

副 主 编：沈志荣　姚建强　刘某承　肖新方

参 编 人 员（按姓氏笔画排列）：

　　　　　　王冬雪　伦　飞　孙金堂　杨安全　沈伟良

　　　　　　沈伟新　张　龙　张　鹏　林得荣　赵建宁

　　　　　　俞秋菊　姚利华　秦一心　黄　宇

丛 书 策 划：宋　毅　刘博浩　张丽四

我国是历史悠久的文明古国，也是幅员辽阔的农业大国。长期以来，我国劳动人民在农业实践中积累了认识自然、改造自然的丰富经验，并形成了自己的农业文化。农业文化是中华五千年文明发展的物质基础和文化基础，是中华优秀传统文化的重要组成部分，是构建中华民族精神家园、凝聚中华儿女团结奋进的重要文化源泉。

党的十八大提出，要"建设优秀传统文化传承体系，弘扬中华优秀传统文化"。习近平总书记强调，"中华优秀传统文化已经成为中华民族的基因，植根在中国人内心，潜移默化地影响着中国人的思想方式和行为方式。今天，我们提倡和弘扬社会主义核心价值观，必须从中汲取丰富营养，否则就不会有生命力和影响力"。云南哈尼族稻作梯田、江苏兴化垛田、浙江青田稻鱼共生系统，无不折射出古代劳动人民吃苦耐劳的精神，这是中华民族的智慧结晶，是我们应当珍视和发扬光大的文化瑰宝。现在，我们提倡生态农业、低碳农业、循环农业，都可以从农业文化遗产中吸收营养，也需要从经历了几千年自然与社会考验的传统农业中汲取经验。实践证明，做好重要农业文化遗产的发掘保护和传承利用，对于促进农业可持续发展、带动遗产地农民就业增收、传承农耕文明，都具有十分重要的作用。

中国政府高度重视重要农业文化遗产保护，是最早响应并积极支持联合国粮农组织全球重要农业文化遗产保护的国家之一。经过十几年工作实践，我国已经初步形成"政府主导、多方参与、分级管理、利益共享"的农业文化遗产保护管理机制，有力地促进了农业文化遗产的挖掘和保护。2005年以来，已有15个遗产地列入"全球重要农业文化遗产名录"，数量名列世界各国之首。中国是第一个开展国家级农业文化遗产认定的国家，是第一个制定农业文化遗产保护管理办法的国家，也是第一个开展全国性农业文化遗产普查的国家。2012年以来，农业部①分三批发布了62项"中国重要农业文化遗产"②，2016年发布了28项全球重要农业文化遗产预备名单。2015年颁布了《重要农业文化遗产管理办法》，2016年初步普查确定了具有潜在保护价值的传统农业生产系统408项。同时，中国对联合国粮农组织全球重要农业文化遗产保护项目给予积极支持，利用南南合作信托基金连续举办国际培训班，通过 APEC（亚洲太平洋经济合作组织）、G20（20国集团）等平台及其他双边和多边国际合作，积极推动国际农业文化遗产保护，对世界农业文化遗产保护做出了

---

① 农业部于2018年4月8日更名为农业农村部。
② 截至2019年9月，农业农村部共发布四批91项"中国重要农业文化遗产"。

重要贡献。

当前，我国正处在全面建成小康社会的决定性阶段，正在为实现中华民族伟大复兴的中国梦而努力奋斗。推进农业供给侧结构性改革，加快农业现代化建设，实现农村全面小康，既要借鉴世界先进生产技术和经验，更要继承我国璀璨的农耕文明，弘扬优秀农业文化，学习前人智慧，汲取历史营养，坚持走中国特色农业现代化道路。"中国重要农业文化遗产系列读本"从历史、科学和现实三个维度，对中国农业文化遗产的产生、发展、演变以及农业文化遗产保护的成功经验和做法进行了系统梳理和总结，是对农业文化遗产保护宣传推介的有益尝试，也是我国农业文化遗产保护工作的重要成果。

我相信，这套丛书的出版一定会对今天的农业实践提供指导和借鉴，必将进一步提高全社会保护农业文化遗产的意识，对传承好弘扬好中华优秀文化发挥重要作用！

农业部部长 韩长赋

2017年6月

序言一

浙江德清淡水珍珠传统养殖与利用系统

自有人类历史文明以来，勤劳的中国人民运用自己的聪明智慧，与自然共融共存，依山而住、傍水而居，经过一代代努力和积累，创造出了悠久而灿烂的中华农耕文明，成为中华传统文化的重要基础和组成部分，并曾引领世界农业文明数千年，其中所蕴含的丰富的生态哲学思想和生态农业理念，至今对于世界农业可持续发展依然具有重要的指导意义和参考价值。

针对工业化农业所造成的农业生物多样性丧失、农业生态系统功能退化、农业生态环境质量下降、农业可持续发展能力减弱、农业文化传承受阻等问题，联合国粮农组织（FAO）于2002年在全球环境基金（GEF）等国际组织和有关国家政府的支持下，发起了"全球重要农业文化遗产（GIAHS）"项目，以发掘、保护、利用、传承世界范围内具有重要意义的，包括农业物种资源与生物多样性、传统知识和技术、农业生态与文化景观、农业可持续发展模式等在内的传统农业系统。

全球重要农业文化遗产的概念和理念甫一提出，就得到了国际社会的广泛响应和支持。截至2014年年底，已有13个国家的31项传统农业系统被列入GIAHS保护名录。经过努力，在2015年6月结束的联合国粮农组织大会上，已明确将GIAHS工作作为一项重要工作，纳入常规预算支持。

中国是最早响应并积极支持该项工作的国家之一，并在全球重要农业文化遗产申报与保护、中国重要农业文化遗产发掘与保护、推进重要农业文化遗产领域的国际合作、促进遗产地居民和全社会农业文化遗产保护意识的提高、促进遗产地经济社会可持续发展和传统文化传承、人才培养与能力建设、农业文化遗产价值评估和动态保护机制与途径探索等方面取得了令世人瞩目的成绩，成为全球农业文化遗产保护的榜样，成为理论和实践高度融合的新的学科生长点、农业国际合作的特色工作、美丽乡村建设和农村生态文明建设的重要抓手。自2005年"浙江青田稻鱼共生系统"被列为首批"全球重要农业文化遗产系统"以来的10年间，我国已拥有11个全球重要农业文化遗产，居于世界各国之首；2012年开展中国重要农业文化遗产发掘与保护，2013年和2014年共有39个项目得到认定，成为最早开展国家级农业文化遗产发掘与保护的国家；重要农业文化遗产管理的体制与机制趋于完善，并初步建立了"保护优先、合理利用，整体保护、协调发展，动态保护、功能拓展，多方参与、惠益共享"的保护方针和"政府主导、分级管理、多方参与"的管理机制；从历史文化、系统功能、动态保护、发展战略等方面开展了多学科综合研究，初步形成了一支包括农业历史、农业生态、农业经济、农业政策、农业旅游、乡村发展、农业民俗以及民族学与人类学等领域专家在内的研究队伍；通过技术指导、示范带动等多种途径，有效保护了遗产地农业生物多样性与传统文化，促进了农业与农村的可持续发展，提高了农户的文化自觉性和自豪感，改善了农村生态环境，带动了休闲农业与乡村旅游的发展，提高了农民收入与农村经济发展水平，产生了良好的生态效益、社会效益和经济效益。

习近平总书记指出，农耕文化是我国农业的宝贵财富，是中华文化的重要组成部分，不仅不能丢，而且要不断发扬光大。农村是我国传统文明的发源地，乡土文化的根不能断，农村不能成为荒芜的农村、留守的农村、记忆中的故园。这是对我国农业文化遗产重要性的高度概括，也为我国农业文化遗产的保护与发展指明了方向。

尽管中国在农业文化遗产保护与发展上已处于世界领先地位，但比较而言仍然属于"新生事物"，仍有很多人对农业文化遗产的价值和保护重要性缺乏认识，加强科普宣传仍然有很长的路要走。在农业部农产品加工局（乡镇企业局）的支持下，中国农业出版社组织、闵庆文研究员及赵英杰担任丛书主编的这套"中国重要农业文化遗产系列读本"，无疑是农业文化遗产保护宣传方面的一个有益尝试。每本书均由参与遗产申报的科研人员和地方管理人员共同完成，力图以朴实的语言、图文并茂的形式，全面介绍各农业文化遗产的系统特征与价值、传统知识与技术、生态文化与景观以及保护与发展等内容，并附以地方旅游景点、特色饮食、天气条件。可以说，这套书既是读者了解我国农业文化遗产宝贵财富的参考书，同时又是一套农业文化遗产地旅游的导游书。

我十分乐意向大家推荐这套丛书，也期望通过这套书的出版发行，使更多的人关注和参与到农业文化遗产的保护工作中来，为我国农业文化的传承与弘扬、农业的可持续发展、美丽乡村的建设做出贡献。

是为序。

中国工程院院士

联合国粮农组织全球重要农业文化遗产指导委员会主席

农业部全球／中国重要农业文化遗产专家委员会主任委员

中国农学会农业文化遗产分会主任委员

中国科学院地理科学与资源研究所自然与文化遗产研究中心主任

2015年6月30日

　　德清县自古水域面积广阔，水资源丰富，珍珠养殖历史悠久，是世界珍珠规模化养殖技术的发源地。自南宋叶金扬发明附壳珍珠养殖技术以来，德清人民依托良好的生态环境、丰富的水域资源从事珍珠养殖，延续至今形成了包括人工植珠技术、珍珠养殖管理技术、珍珠品质鉴定技术、加工及深加工技术、鱼蚌混养技术在内的淡水珍珠养殖与利用技术体系，孕育、造就的珍珠文化更是丰富多彩。作为德清众多农业文化中的一颗明珠，珍珠文化既充分体现了德清的历史文化积淀，也展现出德清人民充沛的创造力和持续不断的创新发展能力。

　　"浙江德清淡水珍珠传统养殖与利用系统"以附壳珍珠养殖技术为基础，以珍珠产业为龙头，数百年来不断发展完善，是德清渔耕文化的重要体现形式，更是德清劳动人民生产、生活实践的智慧结晶，保护好这一传统农业生产系统，对于保护好地方的渔业资源多样性和文化多样性，促进德清珍珠一二三产业融合发展具有非常重要的意义。800多年前，叶金扬发明的附壳珍珠养殖技术使得珍珠突破身份和地位的限制，为普通百姓所拥有，从而造福于整个社会；时至今日，同样生活在德清的劳动人民秉承先人遗志，不遗余力地研究珍珠、发展珍珠，为我国现代淡水珍珠规模化养殖奠定了坚实基础。目前德清已成为全国最大的淡水珍珠深加工基地，珍珠养殖与深加工年产值超70亿元，带动就业人员近万人。2017年7月，该系统因其悠久的珍珠养殖历史、种类众多的渔业资源、和谐共生的生态系统、独具特色的地域文化以及一二三产深度融合的珍珠产业等突出特点被农业部评为第四批中国重要农业文化遗产。

本书是中国农业出版社策划出版的"中国重要农业文化遗产系列读本"之一，旨在为广大读者打开一扇了解"浙江德清淡水珍珠传统养殖与利用系统"这一重要农业文化遗产的窗口，提高全社会对农业文化遗产及其价值的认识和保护意识。全书包括以下部分："引言"介绍了德清淡水珍珠传统养殖与利用系统的基本情况；"珍珠之源——德清与珍珠"介绍了珍珠、德清以及德清珍珠的特点；"育珠之技——起源与传播"介绍了我国及湖州地区珍珠养殖的历史考证、叶金扬附壳珍珠养殖技术及其发展与传播；"发展之基——经济与生计"介绍了中国及德清珍珠产业的基本情况、珍珠的加工利用技术以及珍珠多样的利用方式；"和谐之美——生产与生态"介绍了德清粮桑鱼畜循环利用、互利共生立体养殖、稻鱼共生复合经营等生态农业知识与技术以及该地区丰富的生物多样性；"文化之丰——民俗与节庆"介绍了德清传统民风民俗、节庆活动以及与珍珠相关的文化艺术；"未来之路——保护与发展"介绍了遗产保护现状及面临的问题，保护与发展的对策与措施；"附录"部分简要介绍了遗产地旅游资讯、遗产保护大事记以及全球／中国重要农业文化遗产名录。

　　本书是在"浙江德清淡水珍珠传统养殖与利用系统"中国重要农业文化遗产申报文本、保护与发展规划的基础上，通过进一步调研编写完成的，是集体智慧的结晶。全书由闵庆文、王斌、周志方设计框架，闵庆文、王斌、周志方、沈志荣、姚建强、刘某承统稿。本书编写过程中，得到了李文华院士的具体指导及德清县有关部门和领导的大力支持，在此一并表示感谢！本书图片如无特殊说明，均由欧诗漫集团提供。

　　由于水平有限，书中难免存在不当甚至谬误之处，敬请读者批评指正。

编　者

2019 年 6 月 27 日

目录

浙江德清淡水珍珠传统养殖与利用系统

引言

　　珍珠是大自然不可思议的奇迹，它玲珑雅致、皓洁夺目，象征纯洁、完美、尊贵和权威。我国具有悠久的珍珠利用历史，亦是人工规模化养殖珍珠最早的国家。中国有记载的最早的人工育珠技术始于宋朝。南宋时期叶金扬（约生活在1200—1300年）发明了附壳珍珠养殖方法并在当时的德清得到大规模推广应用，德清也因此被认为是世界珍珠养殖技术的发祥地。

　　德清县历史悠久、人文荟萃，宋人葛应龙语："县因溪尚其清，溪亦因人而增其美，故号德清。"德清不仅是良渚文化的发祥地，也是古代防风文化的故里。德清拥有得天独厚的淡水资源，有"七大潭、八大漾"之称，是养殖培育淡水珍珠的理想地方。德清河蚌育珠技艺是我国古代劳动人民智慧的结晶，附壳珍珠养殖技术的发明对当时的社会分工产生了重大影响，不仅解决了当时人们的生计问题，降低了采珠的危险性，使得珍珠的规模生产成为现实，更创造了一种社会行业，并促进了珍珠贸易及加工业的发展。时至今日，珍珠仍是德清人民生产生活中不可或缺的一部分，社会价值巨大。德清珍珠产业自开创以来，规模逐渐扩大，在长达近千年的养殖历史中，德清珠民在生产实践中形成了珍珠养殖相关的水环境选择、母蚌选择、珠核制作、插核、养殖、取珠、加工等技术体系并代代相传。

随着人工育珠技术的发展，德清人民不仅提高了珍珠的产量与质量、增加了当地百姓的收入，同时也开创出"鱼蚌混养""粮桑鱼畜"等生态循环模式，促进了生态平衡与可持续发展。到了近现代，珍珠产业更是与时俱进，形成与不同产业融合发展的格局，以适应社会经济的发展。珍珠深加工技术的研究和产业开拓，是人类珍珠利用史上一个巨大的技术飞跃，为珍珠更好地造福人类打下了坚实基础，并由此形成了从河蚌养殖到加工成珍珠终端产品的完整产业链。与此同时，在长期的珍珠养殖与利用过程中，德清珠农形成了以珍珠为核心的一系列传统农耕知识与技术体系，以及丰富多彩、种类繁多的农耕文化，并世代传承至今。

农业文化遗产保护可以增强民众对地方传统文化的认同感、自豪感，树立文化自信。作为中国珍珠文化的重要组成部分，叶金扬发明的附壳珍珠养殖技术也是世界最早的，对世界各国珍珠产业产生了重大影响。20世纪70至90年代，德清规模化人工育珠得到新的发展，从事育珠女工达数百人，育珠技艺娴熟，全国各地拜师学艺者纷至沓来，通过师徒手、口、心之法代代相传。如今，随着社会经济的发展，德清掌握河蚌育珠技艺者寥寥无几，传统河蚌育珠技术面临失传。德清淡水珍珠传统养殖与利用系统蕴含着资源保护与循环利用、生物间相生相克、人与自然和谐相处的朴素生态观和价值观，千百年积累的生产技艺和管理知识在现代农业发展中依然具有应用价值。借鉴和吸纳传统珍珠养殖的遵循自然规律、重视生态环境、注重增长速度与质量安全相协调，将助推现代农业发展进程；同时，加强德清传统珍珠文化的保护和传承，也是推动传统农耕文化与现代技术相结合，探寻现代生态农业、低碳农业、循环农业可持续发展的重要途径，对促进德清珍珠文化与产业的可持续发展、农业生物多样性和文化多样性保护及生态文明建设等均具有重要意义。

一

珍珠之源——德清与珍珠

　　珍珠文化源远流长，在人类发展的漫长岁月中，它不仅作为物质财富供人享用，还是我国农耕文化的重要组成部分，早在春秋战国时期，古籍中就已经出现了珍珠作为贡品的详细记载。在宗教中，珍珠不仅是宗教法器的装饰物，也是灵智、神圣和高贵的象征。中国珍珠养殖历史悠久，早在宋代就有了人工养殖珍珠的记载，叶金扬发明的附壳珍珠养殖技术，使中国成为世界上最早进行珍珠规模化养殖的国家，并奠定了现代珍珠养殖技术的基础，对珍珠产业发展产生了深远的影响。

（一）珍珠：大自然的馈赠

1. 古老的有机宝石

珍珠是一种古老的有机宝石，主要产在珍珠贝类和珠母贝类软体动物体内，由其内分泌作用而生成含碳酸钙的矿物（文石）珠粒，是由大量微小的文石晶体集合而成的。根据地质学和考古学的研究证明，在两亿年前，地球上就已经有了珍珠。

人类对珍珠的认识具有悠久的历史。早在远古时期，原始人类在海边觅食时，就发现了具有彩色晕光的洁白珍珠，并被它的晶莹瑰丽所吸引，从那时起珍珠就成了人们喜爱的饰物，并流传至今。迄今为止，最古老的化石珍珠发现于匈牙利的三叠纪地层中，但其个体很小，直径只有几毫米。现在世界上最古老的珍珠，20世纪初发现于波斯王国阿克马埃梅尼德公主的石棺内，据考证其是公元前2400年的珍珠饰品。目前世界上最大的珍珠是菲律宾一渔民在巴拉望岛普林塞萨港附近海域发现的，这颗巨型珍珠重达34千克，长度约66厘米。

有史以来，珍珠一直象征着富有、美满、幸福和高贵。封建社会权贵用珍珠代表地位、权力、金钱和尊贵的身份，平民以珍珠象征幸福、平安和吉祥。当我们的祖先开始以软体动物为食时，或许珍珠就作为自然的馈赠进入了人类社会，打上了社会的印记，并随着社会的发展和技术的革新，广泛地应用于我们的日常生活。珍珠业的发展，早先是采集、捕捞与加工，产品多供皇室贵族享用，后来才有人工培育和生产经营，走向民众化消费。

自从人类发现珍珠以来，不管东方还是西方都将它视为珍宝。人们对于珍珠的认识随着时代的进步逐步加深。最初，人类是用神话传说来解释珍珠的成因。希腊罗马时代的不里乌斯在《博物志》中写着，珍珠是海底的贝浮到海面后，吸收了从天上降下来的雨露育成；古代印度教传说里提到，珍珠是随着牡蛎的出现而产生的，牡蛎打开贝壳时，落在贝中的雨点，不久就变成了珍珠；日本的《古事记》《日本书纪》等亦能见到大致相同的说法。

关于珍珠的成因，大约从16世纪中叶才开始逐步脱离神话故事的影响。随着对珍珠研究的不断发展，不同时期的学者先后提出了有关珍珠形成的各种说法。人们起先认为珍珠是类似肾脏结石的贝病的产物，而后又认为是由于贝类体液过剩或一部分卵留在体内造成的，也有人认为是沙砾进入贝体，最终形成了珍珠。到了18世纪，人们逐渐认识到蚌类在受到外来物质刺激时逐步分泌形成块状物质包裹异物，而这些块状物质就是珍珠。

在中国的神话与传说中，珍珠的诞生与月亮是分不开的。民间有"千年蚌精，感月生珠"的说法，很多文人深信不疑，并以文字记载。贝蚌类等软体动物"夜采月华"孕成珠胎的"映月成胎"论，从宋代庞元英的《文昌杂录》（1082年）开始，到明代王士性的"月明则下种多，昏暗则少""老蚌晒珠之夕，海天半壁闪如艳霞"（《广志绎》卷四），乃至明代宋应星《天工开物》的"凡珍珠必产蚌腹，映月成胎……取月精以成其魄"，一脉相承，相沿日久。

但也有很多接近科学真实的成珠说。汉代初期的百科著作《淮南子·说林训》提到："明月之珠，蠬之病而我之利。"蠬同"蚌"，并留下了"蚌病成珠"的成语故事，可见当时人们对蚌贝类受异物刺激而成珠已有朦胧的认识，并将其记录于著作之中。西晋潘岳《沧海赋》的"煮水而盐成，剖蚌而得珠"，说明我国古代对"蚌生珠"已有初步的认识。南朝·梁刘勰的《文心雕龙》中有"其孕珠若怀妊然，故谓之珠胎"。对珍珠的形成进行了解释。

至于我国首创用蚌培育珍珠的方法，中文文献均有记载。宋代庞元英在《文昌杂录》中最早记载了珍珠的养殖方法。南宋时，湖州人士叶金扬用褶纹冠蚌培养成附壳珍珠。因当时的浮雕多用如来佛像，故又称佛像珍珠，每壳上各有对称的三或四行半球珍珠或佛像珍珠，确是奇观。很多国外的贝类书籍均记载有我国利用锡或其他金属制成的扁形佛像，插在蚌的贝壳和外套膜之间，培育成佛像珍珠的事迹。所以说我国是世界人工养殖珍珠最早的国家。其他一些国家受我国珍珠养殖的启发，到 19 世纪才开始人工养殖。

从科学角度探索有关珍珠的研究史，大致可分为四个时期：异物、寄生虫成因说时期；珍珠囊时期；外套膜小片体内移植实验时期；表皮细胞变性原因说时期。现在，科学界一致认可这样的结论：珍珠是产在珍珠贝、蚌类等软体动物体内，由内分泌作用而生成的含有机质的矿物（文石）球粒。当外界的细小异物进入到珍珠蚌体内，接触到蚌的外套膜时，外套膜受到刺激，便分泌出珍珠质，将异物一层一层地包裹起来，这样就形成了珍珠。

珍珠

2. 象征珍贵的宝石

（1）国外珍珠利用史

珍珠业系人类最古老的行业之一，早在公元前4000年，古埃及就已经有用珍珠制成装饰品的记载：贵妇人为了美化皮肤，在临睡前常用珍珠粉混在牛奶中涂擦身体。而欧洲到公元前300年才第一次出现有关珍珠方面的文字记载。印度则是珍珠养殖的鼻祖之一，早在公元前1800年就已经有了关于牡蛎养殖珍珠的记载（过去人们以为只有少数牡蛎才能生产天然珍珠）。

在古巴比伦王国时期（公元前1900年—前1600年）的壁式绘画中人们使用珍珠作为装饰，珍珠在古埃及也以相同的形式呈现在世人面前。大约在公元前1500年，最古老的印度宗教经文选集《歌颂明论》中提到珍珠，珍珠是九大最珍贵的宝石之一，其地位仅次于钻石，当时珍珠在宗教中的地位可见一斑。约公元前750年，古希腊诗人荷马在《伊利亚特》第14卷中描述了赫拉的耳环："在钻孔规整的耳垂边，三串沉悬的熟桑，闪着绚丽的光彩。"

波斯湾、锡兰岛等地，从古代起就作为天然珍珠的产地而闻名。由于波斯湾地区历史上盛产珍珠，因此，波斯的国王和王后经常使用珍珠。伊朗国宝——伊斯兰教《圣经》的书皮上都嵌有许多珍珠。《犹太教法典》中曾经提到："古代的埃及人、波斯人以及印度人等均十分喜爱珍珠，把它视作护身符和财富的象征，并一直延续了几千年的历史。"古罗马博物学家加伊乌斯·普林尼·塞坤杜斯（23—79年）在其著作《自然史》中曾使用华丽的辞藻描述珍珠。

因珍珠导致战争的事件时有发生。据历史记载，亚历山大大帝远征波斯、印度，罗马恺撒皇帝侵略埃及等国，都是为了攫取珍珠而引发的战争。可以说，古罗马正是因为侵略了有珍珠的国家才充实了国力兴盛起来的。可见人们对珍珠的青睐不论什么时代，不管哪个民族，都是共同的。

"十字军"东征时期（1096—1291年），东方的珍珠被"十字军"大量带到欧洲，从此，这种宝石开始在欧洲传开。在以后的几个世纪里，君主、爵士、妇女开始大量地将珍珠用作个人饰物。1530年后，欧洲的许多国家纷纷立法规定人们按地位、等级去使用珍珠，欧洲的所谓"珍珠时代"正是这个时期开始的，当时的皇爵、贵妇等上流社会人士无不用珍珠来作为装饰品以显耀时尚。可以说在17世纪之前，珍珠有着至高无上的地位，那是珍珠最光辉的岁月。

在日本，从《古事记》《日本书纪》的编者太安麻吕的古墓中发现了在地下埋藏了一千多年的珍珠，至今仍然保持完好。日本发现的这颗古珍珠是公元747年的艺术品，现存于日本东大寺三月堂不空羂索佛像的宝冠上。

天然珍珠的产地有很多，其中波斯湾地区的东方珍珠已经成为天然珍珠的代名词。巴黎是世界上天然珍珠的销售中心，巴黎市场上90%的珍珠来自波斯湾。世界上最优质的珍珠以波斯湾地区巴林岛的最好。伊朗、阿曼、沙特阿拉伯海岸已经有2 000多年的产珠历史。印度和斯里兰卡之间的马纳尔湾也是具有悠久历史的珍珠产地。美国田纳西的天然淡水珠很多，彩色似彩虹，主要有白色、粉红色，偶尔有绿色、灰色和黑色等。世界上的养殖珍珠主要产于中国，日本、澳大利亚等其他一些国家和地区也拥有发展程度不同的珍珠养殖业。

（2）中国珍珠利用史

珍珠文化在中国有着悠久的历史。在4 000多年前的《海史·后记》中，就有关于禹帝定珍珠为贡品的记载："东海鱼须鱼目，南海鱼革玑珍大贝。"《逸周书·卷七·王会解》载："伊尹受命，于是为四方令曰……正南，瓯邓、桂国、损子、产里、百濮、九菌，请令以珠玑、玳瑁、象齿、文犀、翠羽、菌鹤、短狗为献。"指令中的珠玑、玳瑁、文犀都是南海特产。《格致镜原》引《妆台记》的记载说："周文王于髻上加珠翠翘花，敷之铅粉，其髻高，名凤髻。"后流行于中国唐代。由此可知，珍珠作为首饰距今已有 3 000 年历史了。

春秋时期《管子·国蓄》一书中写道："以珠玉为上币，以黄金为中币，以刀布为下币"，就是说玉器具有最高的价值，其次是黄金，最后是青铜布币。战国时期《尚书·禹贡》云："珠贡，惟土五色，羽畎夏翟，峄阳孤桐，泗滨浮磬，淮夷嫔珠，暨鱼。"其中的嫔，即蚌之别名。淮安濒湖带河，多水少山；其他物质匮乏，淮人便世世代代进贡淮珠和淮鱼。

先秦时期《韩非子·外储说左上》记载有买椟还珠的故事，说明珍珠已开始作为商品进行交换。吕不韦就是当时的珍珠巨商，以贩卖珍珠为业。

此后的一千余年中，有关珍珠的记载更是不绝于经传，留传后世的《诗经》《山海经》《尔雅》《管子》《周易》等，都有对珍珠的描述。战国时期《韩非子·解老》中记载："和氏之璧，不饰以五彩；隋侯之珠，不饰以银黄，其质其美，物不足以饰之。"后人常用"隋侯之珠"比喻珍贵美好的事物。

自秦汉以来，珍珠饰品更是迅速普及，帝王将相、达官贵人无不以珍珠装饰为荣，秦始皇也曾接收地方官员屠睢奉献的南海珍珠，东汉桂阳太守文砻向汉献帝"献大珠以求幸媚"。当时捕珠业也开始兴起，许多渔人甚至以捕珠为生。汉朝开始区分采珠区，将珍珠产区分为南北两地。北地以东北的牡丹江、混同江（今松花江及黑龙江下游）、镜泊湖等地的淡水珠为代表，史称北珠；南地以广西合浦地区北部湾海域所产的海水珠为代表，史称南珠。

三国时代的《名医别录》首次记载了珍珠可以药用，"敷面令人润泽好颜色"。同时珍珠也被用来制作诸葛行军散等，珍珠的药用价值开始体现。诸葛行军散具有开窍避秽、清暑解毒功能，适用于霍乱痧胀，山岚瘴疠及暑热秽恶诸邪，头目昏晕，不省人事等证；并能治口疮咽痛。用行军散调水点眼，有去风热障翳作用。取药少许放在鼻腔内，有防暑辟瘟功能。

时至唐朝，《广东通志》中记有"唐代广东贡品中有珠崖真珠二斤、玳瑁一具"。唐代名刹庆山寺遗址出土的佛教文物说明珍珠也用于舍利金棺、银椁装饰物。宋代嘉祐年间的《图经本草》也有"今出廉州，北海亦有之。生于珠牡，俗谓之珠母。珠牡，蚌类也。"当时称珍珠为"真珠"。宋代庞云英所著《文昌杂录》记载了最早有关珍珠的养殖方法；但今天被人们所熟知的附壳珍珠养殖方法则出现在13世纪，它的发明人为南宋时期的叶金扬。从此我国开始了规模化人工养殖淡水珍珠。

明代李时珍所著《本草纲目》卷四六中，对珍珠的药用价值进行了详细的收录："珍珠味咸甘寒无毒。镇心点目。涂面，令人润泽好颜色。涂手足，去皮肤逆胪。坠痰。除面暗。止泄。除小儿惊热，安魂魄。止遗精白浊。解痘疗毒。"明朝后期的中国古代科学著作，宋应星的《天工开物·珠玉》对珍珠进行了详细的记载。

在清朝，使用珍珠最多的是皇宫。为准备皇帝、皇后和妃嫔们的服饰以及喜寿大典的需要，内务府经常置办珍珠，同时特别设置了专门机构对采珠进行管理。

到了近代，由于战争等原因，我国珍珠业开始没落。新中国成立后，随着我国现代化的珍珠培育技术逐步形成，我国珍珠业快速发展，已是全球最重要、最活跃的珠宝消费市场之一，许多珠宝产品的消费都居世界前列。目前中国淡水珍珠产量已占全世界总产量的95%以上，已远远超过此前的产珠大国日本。从养殖区域的分布看，淡水珍珠分布于长江中下游湖泊、水系发达的省区。如浙江、江苏、安徽、湖南、湖北、江西等沿江（湖）地区；海水珍珠则主要分布于广东、广西以及海南等地。

历史上曾根据珍珠产出的地理位置将珍珠分为西珠、北珠（东珠）、南珠。产于西洋的珍珠统称为西珠，产地不在中国；产于我国广东、广西一带的珍珠称为南珠，以上均是海水珠。而产于我国东北的吉林、黑龙江一带河流中的淡水天然珍珠被称为北珠（历史上称为东珠）。

北珠一直以来就是高品质珍珠的代名词。北珠的采珠史可追溯至后汉，几乎和《后汉书》上所载的"合浦珠还"同一时间。早在三国时期，人们即知美珠多出于夫余国，夫余国即在东北地区。辽时小国铁离曾用珍珠、貂皮等物品和辽国进行易货贸易。此后的渤海国，也以珍珠向汉室朝贡。到北宋神宗熙宁年间，"朝贵已重尚之，谓之北珠"。北珠的采撷史到清朝达到鼎盛。东北是满人的故乡，北珠作为故乡宝珠备受达官贵人的青睐。

中国海水珍珠，又称南珠，是以马氏珠母贝产出的珍珠。南珠粒大、圆润、光彩迷人，被誉为国之瑰宝，驰名世界。广西北海市已成为我国名副其实的南珠中心。在宏观角度上讲，东起雷州半岛，南至海南岛北部，西至防城港市与越南边界的广大水域，还包括东莞、惠州珠池所产的珍珠，都统属南珠家族。广东湛江雷州是南珠的主要产地，采集珍珠历史悠久。雷州流沙村享有"中国海水珍珠

北珠

南珠

第一村"美誉，雷州流沙已通过国家质检总局认证为南珠原产地。近年来我国海水珍珠产量（南珠）已超过日本，成为世界上海水珍珠第一大生产国。

3．生命换取的宝石

在漫长的珍珠采集历史中，采集天然珍珠主要是用人潜水的采捕方法。几个世纪以前，危险的珍珠采集工作都由奴隶完成。他们脚上绑着石头迅速下沉，从早到晚在海里潜入、浮起。在有关潜水采集珍珠的海女记载中，论技艺的高超，可首推印第安人的海女。她们可以不用任何潜水工具，将石头压在肩上，几乎一丝不挂地直接潜到30米左右的海底。一旦发现牡蛎、珍珠贝等，就立即捞起放到挂在脖手上的网里。

我国采集珍珠历史悠久，清代小说家李汝珍参照《山海经》等古籍编写的小说《镜花缘》中曾塑造了一个中国古代海女——潜水姑娘廉锦枫的形象。这虽然是个故事，但亦可能真有海女的存在。自秦汉代开始，珍珠捕捞业日益兴盛，而珠民们一直都是在没有换气设备的情况下潜水采珠。元代沿岸地区出现数量很大的专业采珠者——蛋户（也称疍户，旧时对水上居民的称呼），主要从事渔业或水上运输业，多以船为家。"蛋户采珠，每岁必以三月，时牲杀祭海神，极其虔敬，蛋户生啖海腥，入水能视水色，知蛟龙之所在，则不敢侵犯。"

时至明代，采珠业已经日渐成熟，同时有了相应的设备和技术，如今看来虽然简陋，在当时却已经有了很大进步。明代宋应星在《天工开物·下篇·珠玉》中详细记载了当时采集珍珠的技术，其中既有图画也有说明。当时的换气装置是用锡做成的管状物，一头对准人的口鼻，一头通向水面。"凡没人以锡造弯环空管，其本缺处对

《天工开物》采珠插图

掩没人口鼻，令舒透呼吸于中，别以熟皮包络耳项之际。极深者至四五百尺，拾蚌篮中。气逼则撼绳，其上急提引上，无命者或葬鱼腹。凡没人出水，煮热毯急覆之，缓则寒栗死。"这里记载的潜水采珠方法已相当成熟：一是有换气设备，可以在水中停留较长时间不窒息而死；二是耳际也采取了保护措施，避免深水的压力伤害耳部；三是出水后采取了用毛织物加温取暖的办法，以免"寒栗死"。当时珍珠贝采捞上来以后，因其费工费时，一般不会立刻剖贝取珠，而是先把珍珠晾晒起来或置于坑中，等珍珠贝腐烂之后再淘洗里面的珍珠。

明代时期，珠民还发明了用筐拖捞的方法，并结合潜水采捞同时使用。清代屈大均在《广东新语》中记述了一种用筐拖捞的方法："用黄藤丝棕和人发组合为缆，直径三四寸①，缆端系铁耙和筐，筐

① 寸为非法定计量单位，1 寸 ≈ 3.33 厘米。——编者注

中置珠媒，采珠船乘风扬帆，遍海拖捞，筐重船不动，乃落帆收筐，剖蚌取珠。"清朝在采珠业鼎盛时期特别设置了专门机构"珠轩"对采珠进行管理。珠轩在产地设珠柜，负责对珍珠进行管理与收购。珠柜在行政上隶属当地最高行政长官，业务上直接受命于珠轩。清朝曾在吉林的乌拉设衙门，置官员专司采珠业。每年四至九月，总管便派人沿松花江流域捕蚌。水深时，捕蚌者用大杆插入水底，抱杆而下，取蚌出水后，在采珠官监督下，剥开贝壳验看有无珍珠，往往是百蚌不能获一，由此可见采珠之难，珍珠之珍贵。

这种用人潜水的采捕方法，直到清代才改用珍珠船和珍珠桁网替代。随着生产工具和生产方式的改变，珍珠的产量也随之增加。

（二）德清：一个山清水秀的地方

德清，取名于"人有德行，如水至清"。宋人葛应龙《左顾亭记》道："县因溪尚其清，溪亦因人而增其美，故号德清。"德清县位于长江三角洲杭嘉湖平原西部，东望上海，南接杭州，有着1800年的建县历史，素有"名山之胜，鱼米之乡，丝绸之府，竹茶之地，文化之邦"的美誉。全县总面积936平方千米，风景名胜有莫干山、下渚湖、新市古镇等。

1. 文化之邦

德清悠久的历史最早可追溯到马家浜文化和良渚文化时期，与大禹治水同期的治水英雄防风氏的传说，是德清先民留下的历史印记。德清在春秋时期属越，越灭属楚，楚灭入秦；在秦、汉两代为

乌程、余杭县南疆北境；三国入东吴版图，吴黄武元年（222年）武
康立县，初名永安；晋太康元年（280年）改永安为永康，晋太康
三年（282年）改名武康；唐天授二年（691年），析武康东境17乡
设立德清县，初名武源，景云二年（711年）改名临溪，天宝元年
（742年）改名德清；1958年，武康、德清两县合并称为"德清"。

德清人杰地灵，历代名人辈出，晋代沈充"前溪曲"广为流传；
南朝沈约著有《晋书》《宋书》《齐纪》；唐代姚思廉父子编著《梁
书》《陈书》，著名诗人孟郊有《游子吟》佳篇传唱至今，衍生出游
子文化；宋代吴潜著《履斋遗集》传世；元代赵孟頫、管道昇夫妻
作画独步天下；明代著名文学家陈霆著有《渚山堂词话》；清代胡渭
乃研究古地理之翘楚；近代还有俞平伯、沈西苓、钟兆琳……自古
以来，源远流长的文化脉络延伸至今。

2. 名山之胜

德清地处浙江省北部，地质处于扬子准地台之钱塘台拗中，地
层属多系结构，岩石主要出现在西部，县境地貌处于浙西北低山丘
陵区与浙北平原区边缘，地势西高东低，西部为低山区，群山连绵，
有山峦180多座，分3支向东延伸，南支山脉以黄回山为主峰，北支
山脉以五指山为主峰，中支山脉则从莫干山起延伸至铜官山，群山
逶迤起伏。

著名的避暑胜地莫干山，顶峰塔山海拔720.2米，为西部山区和
中部丘陵地带的屏障，莫干山周围群山连绵，山上翠竹满坡，气候
凉爽宜人，素有"清凉世界"之称，清代开始已成为我国四大避暑
胜地之一，自然景观以"竹、泉、云"和"凉、绿、清、静"取胜。
郁达夫钟情于莫干山，他曾说"坐卧幽篁里，怡然动远情"；名士风
流，兜兜转转，终难放下那剑池飞瀑和竹浪声声、松涛阵阵。

莫 干 山 来 历

　　莫干山山名，来自干将、莫邪二人铸剑于此的古代传说。早在春秋末期，群雄争霸，吴王欲争盟主，得知吴越边疆有干将、莫邪夫妇，是铸剑神手，限令三月之内，铸成盖世宝剑来献。干将、莫邪采山间之铁精，铸剑于山中。时冶炉不沸，妻子莫邪剪指甲、断头发，取黄土拌揉，作为人状，投之炉中。炉腾红焰煅锤成雌雄宝剑。雌号莫邪，雄称干将，合则为一，分则为二，蘸山泉，磨山石，剑锋利倍常。时莫邪有孕，夫妻俩知吴王奸凶，莫邪留雄剑于山中，干将往献雌剑。吴王问此剑有何奇妙，干将说："妙在刚能斩金削玉，柔可拂钟无声。论锋利，吹毛断发，说诛戮，血不见痕。"试之果然。吴王为使天下无此第二剑，杀干将。

　　十六年后，莫邪、干将之子莫干成人。莫邪详告家史。莫干问宝剑何在。莫邪道："日日空中悬，夜夜涧边眠。竹青是我鞘，黄金遮霜妍。"莫干机敏，在竹林中黄槿（金）树洞孔内得到干将雄剑。于是别母亲，持剑赴吴国京城，欲刺杀吴王。途遇干将好友之光老人。老人说，吴王禁卫如林，谋刺难成。若能借得莫干二宝，老人定能谋取吴王之头。莫干问哪二宝？老人说："干将之剑，莫干之头。"莫干即以剑自割其头，一手献剑，一手献头。之光老人至吴宫阶下，言献"稀世之宝"。吴王召见，之光以油鼎煮莫干头，头歌唱，之光邀吴王近看。吴王至，之光拔剑斩吴王之首，两头相搏于油鼎中。王头奸凶，之光亦自杀其头，两头共斗王头，得胜。时二剑化作两巨蟒腾空而飞。

　　一日，莫邪备果品、山花，至铸剑处祭奠丈夫英灵，祈求儿子平安。这时，地方官气势汹汹地赶来，说要拿莫邪问罪。莫邪愤慨地说："我夫干将铸剑献剑有功，反遭昏王杀害；我儿莫干为父报仇，为民除暴——罪在哪里？"正当官兵要捉拿她的时候，忽然潭里白浪涌腾，一条巨蟒探头出水，一张嘴，飞出一口宝剑，银光一闪，地方官便身首异处。然后，宝剑又飞回巨蟒口中，那巨蟒连连出水点头，似在向莫邪传言。莫邪得知阴阳剑已飞回剑池，说声：

"莫邪愿永远与宝剑同在！"便纵身跳进深潭。后人为纪念莫邪、干将，将其铸剑、磨剑处叫剑池，将剑池所在之山名为莫干山。

莫干山干将与莫邪的雕像（王斌／提供）

3. 鱼米之乡

德清县境内河水清澈丰盈，自古便是"鱼米之乡"，分布有水域面积约23万余亩[①]，其中池塘4万余亩，稻田养鱼12万亩，外荡7万亩，湿地面积占土地总面积的比例高达44%以上。西部为低山丘陵区，多溪流、塘库；东部为平原水网区，河港纵横，漾荡密布，

①亩为非法定计量单位，1亩≈667平方米。——编者注

素有"水乡泽国"之称，是全县粮食、蚕茧、水产和畜禽的主要产区。

境内水系属长江下游太湖流域，分东苕溪和运河两大水系。东苕溪在境内分布有禺溪、湘溪、余英溪、阜溪、埭溪五大支流，全长约37.87千米，流域面积1 420平方千米。运河水系在境内全长41千米。除两大水系之外，骨干河道还有东大港、东塘河、漾溪港、十二里塘港、含山塘港、横塘港等。东部平原除自南而北的运河三线和自西向东的骨干河道外，各乡镇之间还有40余条乡际河道，真正体现德清境内河港交织的面貌。两大水系纵横交叉，孕育了"七大潭、八大漾"，共有大小漾潭122个，其中300亩以上43个，千亩以上的按地区分：东部5个，中部6个；全县以苎溪漾最大，洛舍漾、下渚湖次之。苎溪漾位于干山、士林两乡之间，面积2 531亩，水深2～4米。全县水资源总量6.12亿立方米，占浙江省水资源总量的0.65%。

多样的地理形态造就了县域境内丰富的水生生物资源。早在2 000年前，德清人民已利用水面养鱼。据清康熙《德清县志》记载："昔范蠡扁舟五湖，寓居此地，属三致千金之一。"范蠡携西施扁舟五湖时，曾隐居德清，并开创了德清的渔业历史。这里水产品种类繁多，水产养殖面积和产量长期位居浙江省前列。

相传今干山乡境内的范蠡湖（今蠡山漾），为春秋时期越国大夫范蠡养鱼处。民国二十一年（1932年）《德清县新志》中记载了多种水产品的特点及养殖方法，品种繁多，且在当时的农业发展中占据举足轻重的地位。20世纪30年代以前，家鱼仅在内塘养殖，此后逐渐开始利用外荡养殖。新中国成立后，人民政府

渔民围网捕鱼

在重视内塘养殖的同时，积极支持外荡养鱼。目前德清渔业形成了以甲鱼、青虾为主导，黄颡鱼、翘嘴红鲌、乌鳢、鳜鱼为梯队，青鱼、草鱼、鲢鱼、鳙鱼、鲤鱼、鲫鱼、鳊鱼等大宗水产品稳定发展的格局。如今，德清县甲鱼养殖主要集中在乾元镇、新安镇、禹越镇。青虾养殖集中在三合乡，有德清"青虾之乡"之称；还有禹越"黑鱼之镇"，乾元"白鱼之镇"，钟管、新市"黄颡鱼之镇"等区域布局。

德清的水

德清水文化历史悠久，治水英雄防风氏用堵与疏两种治水方法相结合将洪水导入大海。期间治理了湘溪、英溪、阜溪以及塘泾河，并且建立河道将下渚湖和东苕溪联通起来。后来天目山山洪暴发，苕溪泛洪，防风氏因救助被水冲走的百姓而晚到禹召开的治水庆功大会，后被禹误杀。事后禹懊悔不已，在防风国建立防风祠并亲自拜祭。相传德清县三合乡就属防风国地带，下渚湖就是当年治水英雄防风氏所留下的脚印。每年农历八月二十四至二十六日，有无数人自发到三合乡防风祠纪念德清历史上的治水英雄防风氏。防风氏因迟到被大禹误杀引得无数人唏嘘不已，也为德清增添了古老神秘的韵味。历史给了我们无尽的揣测与猜想，也以如水的胸怀与智慧赋予一代又一代的德清人清明照鉴的品格。当传说的背影渐远，这片土地依旧以她如水的柔情抚育着南朝词宗沈约、苦吟游子孟郊、画坛才女管道升、元朝书画大家赵孟頫、现代作家俞平伯等众多在文艺史上留下浓墨重彩的文化名人。德清内敛如水的人文气息早已声名远播。德清之水带给我们的不仅是生活的诗意，更是对生命智慧的真切体悟。

4. 丝绸之府

蚕桑为县内主要特产。三国时，武康生产的蚕丝被称为"御丝"，享誉全国。明朝，养蚕已成为主要产业之一。据洪武年间王道隆纂《菰城文献》载："德清桑叶宜蚕，县民以此为恒产，傍水之地，无一旷土，一望郁然。"明瞿宗吉的《德清道中》更有"桑柘阴阴迷四顾"的记载。明清以后，蚕桑生产兴盛不衰。抗日战争时期，桑园荒芜，面积骤减，生产凋敝。新中国成立后，桑园面积逐年增加。为了传扬蚕桑文化，祈祷蚕桑丰收，德清县新市镇自1999年起，已经举办了20届蚕花庙会。如今，德清东部小镇新安，用围巾"围"起了整个地球，新安围巾畅销全国，占据义乌围巾市场份额的80%，甚至成为了中东、欧美、日韩等高端市场的"香饽饽"。

德清丝绸

5. 竹茶之地

竹子在德清早有广泛种植，无论是西部的深山野坞，还是平原水乡的房前屋后，到处可见郁郁葱葱的竹林。"宁可食无肉，不可居无竹"一语，说出了竹子与人们生活的密切联系。竹子的种类很多。德清主要的竹种有毛竹、淡竹、刚竹、早元竹、哺鸡竹等。

茶叶也是德清特产之一，德清西部山区植被茂密，雨量充沛，土壤肥沃，其自然条件非常适宜茶树生产。县境产茶历史悠久，早在唐代，陆羽所著《茶经》中便有"浙西，以湖州上……生安吉、武康二县山谷"的记载，及宋尤盛。明清以后，茶叶产区扩大。至民国时期，茶叶产量已相当可观。莫干山区是德清茶叶的主要产区。莫干山茶生产历史悠久，早在唐代就被列为上品。这里农民历来注重茶树栽培和茶叶的采摘、制作，成功地生产出了"黄迴云雾""南路炒青""青龙茶""龙山翠峰""雨前春""雨花春"和"莫干山云露"等地方名茶。这些茶均以色翠、香永、叶厚、味醇而享有盛誉。

莫干山茶园（德清县农业农村局／提供）

（三）德清珍珠：中国重要农业文化遗产

1. 系统特征

浙江德清淡水珍珠传统养殖与利用系统是南宋时期叶金扬发明珍珠人工养殖技术以来，德清人民依托良好的生态环境、丰富的水域资源从事珍珠养殖延续至今形成的，包括人工育珠技术、珍珠养殖管理技术、珍珠品质鉴定技术、加工及深加工技术、鱼蚌混养技术、珍珠文化和地方民俗在内的农业文化遗产系统。该系统具有如下特征：

（1）悠久的养殖历史

叶金扬的附壳珍珠培育方法阐明了附壳珍珠形成的原理，比由自然界异物偶然进入蚌体而形成的珍珠更具有目的性，得到的珍珠数量更多。德清珠民在生产实践中形成了珍珠养殖相关的水环境选择、母蚌选择、珠核制作、插核、养殖、取珠、加工等技术体系并代代相传。在传统珍珠养殖技术基础上发展起来的现代河蚌育珠技艺，主要采用取河蚌贝类外套膜上皮组织，移植到育珠贝体内，以培育珍珠之法，是传统养殖技术的延续。目前的河蚌育珠技艺使"大、光、圆、艳"优质珠率大大提高，珠蚌成活率达95%以上。

（2）丰富的物种资源

育珠蚌的生活环境是水域，传统的养殖场地通常在自然河流、湖泊、池塘中。在蚌的生长环境中，有着大量的微生物、水生动物、水生植物、鱼类、底栖动物甚至鸟类等，形成了以水环境为依托的多物种系统，包含了丰富的物种资源。德清县内水产资源丰富，养殖的主要有草鱼、青鱼、鲢鱼、鳙鱼、鲤鱼、鳊鱼、蟹等；野生类除鲦鱼、鳑鲏、鲫鱼、鲈鱼、鲇鱼、鳟鱼、鳜鱼、黑鱼外，还有鳗鱼、鳅鱼、鳝鱼、虾以及螺蛳、河蚌等。德清广阔的水域面积，优良的水质，特别适合河蚌的生长繁殖，养殖珍珠的蚌也有10多个品种。

（3）和谐的生态系统

德清的地形地貌特征，水网分布，以及水域周边的森林环境、人居环境、陆地条件等为育珠蚌提供了很好的生长环境：常年有水源保证，无污染，进排水方便，有微流水，水质较肥沃，水面无水生植物，底淤泥较少，水深在1.5米左右，水质酸碱度适中。在水环境中，蚌与其他物种的共生关系、竞争关系、捕食关系，蚌与水质变化关系等均达到平衡，整个生态系统能量转换和物质交流相对稳定，形成了和谐的生态系统。鱼、蚌均生活在水中，利用共生原理，在池塘中进行混养，可实现优化生产结构，以鱼带蚌，以蚌补鱼，获得良好的经济效益，鱼珠双丰收。

（4）朴素的地域文化

德清人民在长期的劳动和生活中，形成了丰富多彩、种类繁多的农业文化，流传着众多的传说、民歌、谚语，保存了众多的农业工艺以及乡风民俗，它们深深地根植于民间，代代相传，延续着德清人民朴素的文化传统。以"放鱼秧""请财神""拜塘头五圣""吃

德清淡水珍珠传统养殖与利用系统

鱼汤饭"等为特色的传统民风民俗以及纪念叶金扬的相关活动，形成了德清珍珠丰富的文化内涵和历史底蕴。珍珠文化作为德清众多农业文化中的一颗明珠既充分体现了德清的历史文化积淀，也展现出德清人民充沛的创造力和富有地域特色的传统文化。

（5）完整的产业链条

德清形成了从河蚌养殖到加工成珍珠终端产品的完整产业链条。河蚌的蚌肉可以食用，味道鲜美，蚌壳可以加工成各种各样装饰品和首饰，珍珠饰品的加工制作，更是促进了整个珍珠产业的良性循环。2016年德清珍珠深加工总量近100吨，占全国淡水珍珠总产量的10%左右，已成为全国最大的淡水珍珠深加工基地，珍珠养殖与深加工年产值超50亿元，带动就业人员近万人。同时，优美的生态环境、浓郁的珍珠文化气息和健康的生态产品促进了区域休闲农业的发展。

2．遗产价值

德清珍珠的养殖历史不仅融入到德清的地域文化中，同时作为中国珍珠文化的重要组成部分，其意义重大。宋代叶金扬发明的附壳珍珠养殖技术是珍珠规模化养殖的开端，同时这项技术也远渡重洋，对欧洲等地的珍珠养殖业产生了深远的影响。

一是德清是世界淡水珍珠规模化养殖技术的发祥地。珍珠养殖技术发源于中国，是我国古代对世界文明的伟大贡献之一。从农业文化的视角看，德清珍珠不仅代表着一种水产养殖技术，而且还是一个文化的载体，体现着德清独特的水网利用系统和当地人民利用自然、改造自然的创造活动的全部内涵。德清淡水珍珠传统养殖与利用系统从宋朝演变至今，是人水和谐发展的典范，许多先进的理念可为现代水产养殖业提供借鉴和参考。

二是德清珍珠文化是我国农耕文化的杰出代表。人类利用珍珠已有数千年历史，在中国古代，远至唐代的杨贵妃，近至清朝的慈禧，都是珍珠的忠实使用者；同时，关于珍珠的药用价值很多历史文献也有记载。我国古代先民对珍珠的成因和品质也有着科学、准确的认识，在生产过程中创造的物质与非物质文化、地方民俗活动等均是我国优秀农耕文化的重要组成部分，对研究我国珍珠文化、首饰工艺历史、社会生产生活水平等也是极为珍贵的资料。

三是德清珍珠产业是农业可持续发展的现实样板。随着生态文明建设的不断推进，渔业生产与生态保护之间的矛盾越来越突出，如何实现人与自然的和谐发展成为了地方政府必须考虑的问题之一。历史上德清曾大规模养殖珍珠，但并未出现水质污染、环境破坏等问题，反而是现代化的养殖技术带来的环境问题严重制约了德清的珍珠养殖业。从这一点看，传统的珍珠养殖技术对现代渔业生产具有重要的借鉴意义。

中国重要农业文化遗产标牌

德清以农业文化遗产保护为契机，因地制宜，合理规划遗产的保护与发展，以珍珠养殖及加工为主导产业，加强生态环境保护与基地建设；以珍珠传统养殖技艺、河蚌品种资源和民间文艺保护为核心，加强德清珍珠文化的保护，可有效促进区域珍珠文化和产业的强势发展，实现遗产动态保护，并为世界其他类似农业文化遗产保护提供借鉴。

二

育珠之技——起源与传播

小山寺寺庙遗址

　　自从人类发现珍珠以来，不管东方还是西方都将其视为珍宝。"老蚌生珠"是我国的一句古语，说明天然珠一般是产在年龄较大的贝蚌之中。过去，珍珠都是靠人工潜水采蚌贝获得的。随着社会的进步，人们对于珍珠的认识逐步加深。我国是利用、采捕珍珠历史最悠久的国家之一，亦是人工养殖珍珠最早的国家。北宋时期庞元英的《文昌杂录》中明确记载了人工养殖珍珠的方法，南宋时期叶金扬发明了附壳珍珠养殖方法并在当时的德清钟管和十字港一带得到了大规模推广，德清也因此被认为是世界珍珠养殖技术的发祥地。

（一）河蚌育珠：我国古代劳动人民的发明

1. 我国珍珠养殖历史考证

在我国古代，那些经常接触蚌贝的劳动人民，不论是在剖蚌取珠的工作中，还是以贝壳制造器物的过程中，通过多次的实践、观察，发现了蚌贝是不断地分泌一种液体来加厚它们的壳壁。因此他们想利用蚌贝这种天然本能来按照人们的意图生长，初步试验是用锡片或木片刻上痕迹，搁在蚌壳里面，经过一段时间，搁有锡片或木片的一扇蚌壳上就生长出了锡片或木片上所刻的痕迹。这项试验成功以后，不知又进行了多少次各种试验，珍珠养殖也就一步一步地由粗糙向精细发展。人们还将锡片或木片刻成菩萨、寿星等佛像的模子搁在蚌壳内，几年以后蚌壳里面就显出了菩萨佛像，这就是后来很有名的佛像珍珠。

虽然这些劳动人民富有敢于设想、敢于试验、敢于创造的精神，但是在旧社会里他们没有地位，也得不到任何人支持，不能在海边或河流中开辟一个养殖场，将搁有模子的蚌稳妥地保护在养殖场里。有的动过手术的蚌经常脱掉模片而逃走，被不知底细的人捞出后就有了祥瑞或怪物的传说。在我国古书中有很多这种记载。

如《南齐书·祥瑞志》载："永明七年（489年）越州献白珠，自然作思惟佛像，长三寸，上起禅灵寺，置刹下。"

唐段成式《酉阳杂俎》载："隋帝嗜蛤。所食必兼蛤味，数逾数千万矣。忽有一蛤，椎击如旧，帝异之，置诸几上，一夜有光，及明，肉自脱，中有一佛、二菩萨像。帝悲悔，誓不食蛤。"

唐苏鹗《杜阳杂编》载："唐文宗皇帝好食蛤蜊。一日，左右方盈盘而进，中有劈之不裂者，文宗疑其异，即焚香祝之。俄顷自开，中有二人，形眉端秀，体质悉备，螺髻璎珞，足履菡萏，谓之菩萨。文宗遂置之于金粟檀香盒，以玉屑覆之，赐兴善寺，令致敬礼。"

宋洪迈《夷坚乙志》载："溧水入俞集……挈家舟行。淮上多蚌蛤，舟人日买以食，集见必辍买，放诸江。他日得一篮甚重，众欲烹食……遂置诸釜中。忽大声从釜起，光焰相属，舟人大恐，熟视之，一大蚌裂开，现观音像于壳间，傍有竹两竿，挺挺如生。菩萨相好端严，冠衣璎珞及竹叶枝干，皆细真珠缀成者。集令舟人诵佛悔罪，而取其壳以归。"

从以上几个故事可以知道，我国在南北朝时就搞清楚了蚌贝壳内的珍珠层，是由蚌贝分泌的珍珠质形成的，所以才根据这种情况搁上模子让它形成佛像。后来隋、唐、宋各朝都有发现。可是当时的统治阶级和一些人对劳动人民的发明创造始终是不明就里，认为是祥瑞。有的感到悲悔，将蚌贝放在庙寺供起来致以敬礼。直到南宋时期叶金扬发明了附壳珍珠养殖技术，佛像珍珠的规模化养殖才成为可能；到了清朝，佛像珍珠产量更大了，成为贵重的工艺品，各大城市都能偶尔遇到，有的搁在小绒盒或配上小木座陈列着赏玩。

清谢堃的《金玉琐碎》："余于浙省得蚌，壳半扇生成观音佛像，兜髻珠缨，净瓶柳枝，善才童女，观音跏趺于莲座之上。毫无人工假借，皆从壳内坟起。陈受笙所得半扇乃古佛三尊，趺坐于莲台狮象背上，傍有阿南、迦叶二像。然皆不及屠琴坞于仪征以三十金购得半壳，乃十六应真驾云踏浪之像。虽云寰区之大，何物不有，然佛菩萨何取乎居于蚌壳，想其中别有天地，真不可以理测之。"由这段描写我们可以看出，佛像珍珠的产品越来越精巧细致，充分表现出我国劳动人民的智慧与技巧。同时，由作者"真不可以理测之"可见，在佛像珍珠已经流通了一千多年时，还有人见到佛像珍珠后大惊小怪。

在佛像珍珠的生产过程中，培殖者并不满足于停留在这样的产品上，因为它一面是由蚌贝分泌的珍珠质包裹的佛像，另一面则是蚌贝的壳，并不是名贵的圆形珍珠。所以养殖者仍然不断地进行研究，并最终摸索出培养珍珠的方法。

宋庞元英的《文昌杂录》说："礼部侍郎谢公言：有一养珠法。以今所作假珠，择光莹圆润者，取稍大蚌蛤，以清水浸之，伺其口开，急以珠投之，频换清水……此经两秋，即成真珠矣。"这段话虽然出自礼部侍郎谢某之口，但由于他不是经常接触蚌贝的人，因此不可能凭空想出这套办法来。因为这个养殖方法不仅已经了解到必须先有物质进入蚌贝体内才能生产珍珠的原理，而且也掌握了进入的东西是圆形的才能生产圆形珍珠的规律。这显然只有亲身参与过捞蚌剖珠的人，才能将经过多次研究实践所得的经验传播到社会上。

清康熙时刘献廷撰的《广阳杂记》中说："金陵人林六，牛仲云侄婿，玉工也。其人多巧思，工琢玉，言制珠之法甚精，碾车渠为珠形，置大蚌口，养之池内，久则成珠。"林六是玉工，也不一定熟悉蚌贝生活情况。除非他亲自解剖过珍珠才能得出这样的结论。他所说的"碾车渠为珠形"，与现在一些养殖所插的核是用碎磲磨成的具有一致性。

以上两书告诉我们，从宋朝到清初，我国都曾有人对培养圆形珍珠进行过研究，并且得出了合乎科学的养殖理论，有的还是现在养珠工作中必要的工序。但长期以来人工珍珠养殖事业在我国却没有得到应有的重视与发展。

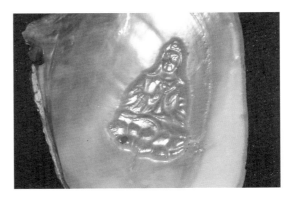

佛像珍珠

2. 湖州珍珠养殖文献记载

　　湖州关于珍珠的记载，最早见于清同治《湖州府志》卷三十三《舆地略·物产下》："大观元年，乌程鱼山有渔者邵宗益，剖蚌见珠作阿罗汉，偏袒右肩，矫首左顾，现行脚相，发誓不复食蚌珠罗汉，今在慈感寺有郡人刘熹刻石记……"同时，《湖州府志》也有关于蚌的记载："蚌为大蛤，其孚乳以秋，大小异种，武康刘志渔人熟之医于市，名曰水荣，蚌类甚多，其有珠者名曰溪蚌。"（大观元年为宋徽宗年号，即公元1107年。乌程，古县名，在今浙江湖州）。《湖州掌故集》载，慈感寺原在湖州城西北外，由唐乾元年间（758—760年）僧端法师建。南宋建元三年（1129年）郡人将慈感寺迁徙到潮音渡东。面对渡口，供奉观音及"巡江都司"。宋高宗时，寺有高僧梵隆，擅长绘画雕塑，作品以佛像、人物著称。他曾以青田小石塑

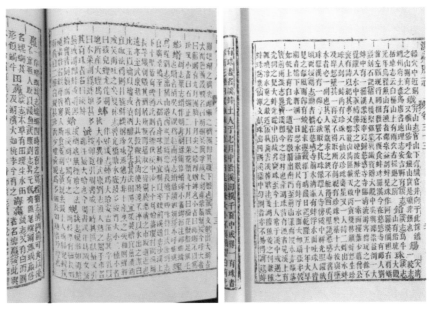

《湖州府志》关于珠和蚌的记载

成罗汉，放置在河蚌外膜下。隔年剖蚌得"珠光罗汉"上献皇上，从而得到高宗恩宠，赐予庵居。慈感寺20世纪80年代在建造潮音新村时已破残，后被拆除，沿用地名至今。

从以上文献记载可见，早在1107年之前，湖州地区已有关于佛像珍珠的记载；从宋高宗时期（1107—1187年）高僧梵隆"以青田小石塑成罗汉，放置在河蚌外膜下"来看，当时的人们已经了解了珍珠形成的原理，意识到只有将异物放入贝壳和外套膜之间才能生产出珍珠。

乌　　程

乌程为古县名，公元前223年，秦朝改"菰城"为"乌程"，秦汉时期乌程县境非常辽阔，东至今平望，西舍今宜兴，北止于太湖，南接余杭、萧山。早期的乌程县地域很大，人口却不多，从秦始皇统一到三国500年间，人口始终没有超过10万人。

三国时期，孙皓设置吴兴郡，乌程此后都为路、府、州治所。黄武元年(222年)，吴分乌程、余杭置永安县；晋太康元年(280年)改永安县为永康县；太康三年(282年)改永康县为武康县；唐天授二年(691年)，分县东17乡设武源县，景云二年(711年)改武源县为临溪县，天宝元年(742年)改临溪县为德清县；1958年，德清、武康两县合并。1994年，德清县人民政府驻地迁至武康镇。

北宋太宗太平兴国7年(982年)，为庆祝钱氏吴越国的归顺，将湖州府乌程县东南一十五乡分出新置归安县，归安、乌程二县同城而治。民国元年(1912年)撤销归安县，并与乌程县合并为吴兴县，也就是今天的湖州市辖区。

（二）附壳珍珠：最早的规模化珍珠养殖技术

1. 叶金扬与附壳珍珠

关于我国古代珍珠真正走向人工规模化养殖的记录非常少，反而国外文献关于我国古代珍珠养殖技术有较多描述。将这些记载整合起来就会发现，它们都不约而同地提到了一个人，那就是南宋时期的叶金扬。叶金扬之所以为世人所知，是因为他进一步完善了珍珠养殖方法并实现了人工规模化养殖。叶金扬发明的珍珠养殖技术，后人称之为附壳珍珠养殖技术，主要是区别于现今的游离珍珠养殖技术。叶金扬附壳珍珠养殖方法是"将锡和其他金属的、木制的、骨质的浮雕放在蚌的贝壳和外套膜之间，经2~3年的养殖，即成"。这一珍珠养殖方法阐明了附壳珍珠养殖使用的模像材质、模像放置的部位以及养殖的时间，极具科学性。叶金扬发明的这一附壳珍珠养殖技术，既利用了高僧梵隆佛像珍珠养殖方法的原理，又实现了《文昌杂录》圆形珍珠养珠法的人工养殖，不仅可以生产佛像珍珠，还可以生产圆形珍珠，使得珍珠的规模化养殖成为可能，进而奠定了现代珍珠养殖技术的基础。

国外文献关于叶金扬及其附壳珍珠养殖技术的描述如下。

1853年，美国的麦嘉湖（D. T. MacGowan）博士在 *The Journal of the Society of Arts* 发表了"Pearls and Pearl-marking in China"（《中国的珍珠和珍珠制造》）论文，文中详细介绍了附壳珍珠的养殖技术，并指出这一方法主要归于当地的一位祖先，他的名字叫 Yu Shun Yang，生活在13世纪末期。为了纪念他的发明，后人为他建立了一座寺庙。

1856年，英国领事海格（F. Hague）在 *The Journal of the Royal Asiatic Society of Great Britain & Ireland* 上发表了 "On the Natural and Artificial Production of Pearls in China"（《中国自然及人工珍珠生产》）一文，文中进一步介绍了附壳珍珠的养殖技术，并指出该方法是公元1200—1300年间的湖州当地人Ye jin yang（叶金扬）发明的。为了纪念他，后人在一个距离湖州42千米的叫小山（Seaon Shang）的地方为他建立了一座巨大的寺庙，当时的寺庙现仍然存在，并且每年都会举办纪念活动。文中还提到当时的一本书中有关于养殖技术的细节记录，但它并不对外出售。

Above five thou sand families are represented as being engaged in this singular branch of industry in the villages of Chung kw an and Siau chang ngan; they, however, mainly derive th e ir support from cultivating the mulberry, and in rearing sid k worms, and other agricultural occupations. Those who are not expert in the management of the shells, lose ten or fifteen per cent. by deaths; others lose none in a whole season. The invention is attributed by the villagers to a native of the place, ancestor of many of them, named Yu Shun yang. to whom a temple has been erected, in which divine honours are paid to his image. He lived about the close of the fourteenth century. The topography of Chihkiang mentions a pearl sent to Court in 490 A.D. which resembled Buddha, being three inches in size. The resemblance was, probably, fanciful, being but on irregular form of pearl produced in the usual manner. Those now made are but half-an-inch long. and while in the shell have a bluish tint, which disappears with its removal from the matrix.

In the manufact ure of factitious pearls, we find that the Chinese anticipated the French, affording an instance of independent invention; and in effect-

《中国的珍珠和珍珠制造》节选

livelihood by these means. The process was first discovered by Ye-jin-yang, a native of Hoochow, A.D. 1200-1300. At his death, a large temple was erected to his memory, at a place called Seaon-Shang, about twenty-six miles distant from Hoochow. This temple is still kept up and plays are performed there every year to Ye's honor. A book is extant which contains every particular connected with this interesting subject, but it could not be purchased. Mention of the art is made in the book of the district of its producing an important article of commerce. The trade is a monopoly amongst a certain number of villages and families, and any other village or family commencing it is required to pay for some plays at Ye's temple, and likewise to subscribe something towards the repair of the temple.

《中国自然及人工珍珠生产》节选

考虑到海格和麦嘉湖于1851—1852年冬天结伴到湖州进行调查，他们掌握的基础资料应该是相同的，海格文章发表得晚，说法上可能更慎重一些，因此我们认为附壳珍珠养殖技术的发明人应叫Ye jin yang而不是Yu Shun Yang。

德国人伊丽莎白·斯特拉克（Elisabeth Strack）于2001年编译出版了一本名为 *Pearls*（《珍珠》）的书籍，在"中国珍珠养殖史"部分写道："珍珠养殖始于11至12世纪，但今天被人所熟知的养殖方法的发明者则出现在13至14世纪，他的名字叫余顺阳，来自湖州。当时的珍珠养殖中心是钟管（Chung Kwan）和十字港（Sian Chang Ngan）。它们位于今天的浙江省北部丝绸之乡——德清附近，

距离太湖约50千米……约有
5 000个家庭通过养殖珍珠来增
加收入。为了纪念这位珍珠养
殖的发明人，后人为他建立了
一座寺庙。寺庙每年都会举办
纪念活动，这一传统一直持续
到19世纪。"约有5 000个家
庭通过养殖珍珠来增加收入"，
说明当时的珍珠养殖已初具规
模；而"今天被人所熟知的养

The History of Pearl Culture in China

The Chinese are considered to be the true inventors of the cultured pearl or – more exactly – of the cultured blister pearl. The first finds of Buddha images overgrown with a nacreous layer date back to graves from the Han dynasty around 100 BC.

Regular production appears to have started during the Song dynasty, a time of enlightenment influenced by Confucianism, which also saw the invention of printing, silk making and porcelain manufacturing. Pearl production started during the 11th or 12th centuries, but the inventor of the method known today lived during the 13th or 14th centuries. His name was Yu Shun-Yang, and he came from the area of Hutschefu. Pearl production was centred on the villages Chung-Kwan and Siau-Chang-Ngan, which are in the north of today's Zhejiang province, near the silk town Tehtsing, around 50 kilometres from Lake Tai (Tai Hu). A temple, dedicated

Pearls 节选

殖方法"则表明，南宋叶金扬的附壳珍珠养殖方法并未失传，一直
延续下来，成为今天具有广泛意义的现代人工育珠的基础。

由以上表述可见，国外学者关于我国珍珠养殖技术的起源时间
（11至12世纪）与《文昌杂录》记载的珍珠养殖法时间基本一致；关
于附壳珍珠养殖技术的起源时间（13至14世纪），与麦嘉湖和海格的
调查基本一致。说明我国作为珍珠养殖技术的发祥地及德清作为我
国珍珠规模化养殖技术（附壳珍珠养殖技术）的发祥地从国内外文
献资料均能得到一定证明。

这种将自然界珍珠的偶然形成转化成有意识的自觉培育过程，是
古人的一大创举，具有重要的意义。叶金扬附壳珍珠养殖方法在当时
的德清钟管和十字港一带得到了一定推广。为了纪念叶金扬对珍珠养
殖技术的贡献，后人为他建立了一座寺庙（小山寺），寺庙每年都会
举办纪念活动。由此可见德清在中国乃至世界淡水珍珠养殖中的重要
地位。叶金扬对附壳珍珠的成功养殖即便在今天看来，仍然具有重要
意义。它不仅降低了采珠的危险性，更使得珍珠的大规模生产成为可
能。而珍珠只有实现规模化生产，成为商品进入市场，才能突破身份
和地位的限制，为普通百姓所拥有，从而造福于整个社会。

小山寺寺庙遗址

德清县洛舍镇，有小山一地，其在明代《嘉靖德清县志》中被记载为前山："前山，在小山东南。"南宋时期的叶金扬在此地发明了附壳珍珠养殖技术，并在当时形成了一定的养殖规模，造福了一方百姓。叶金扬死后，为了纪念他，后人在此地建造了一座巨大的庙宇，时至1856年庙宇依然存在，且当时每年都会举办纪念活动。现今为小山寺寺庙遗址。

小山寺寺庙遗址

值得注意的是，关于叶金扬这个人名，目前有几种不同的称呼，除了本书提到的叶金扬、余顺阳外，还有一种叫法为叶纯阳。1925年法国人路易·布唐（L．Boutan）在所编写的著作 *La Perle*（《珍珠》）一书中将叶金扬称为叶纯阳。"用软体动物生产珍珠，似乎是中国人比所有其他民族都走在了前面……中国人把珍珠制造工序的发现归功于湖州府的一位本地人，名叫叶纯阳，生活在公元13世纪末。他死后，人们在距湖州府40千米的小山，为他建立了一座庙宇……在浙江省（中国东部）的湖州府一带，也就是杭州以北75千米的一座城市，人造珍珠工场就设置在那里"。2004年，浙江省淡水水产研究所高级工程师黄惟灏在《湖州晚报》上发表了名为《德清是世界人工培育珍珠的发祥地》一文，文中也将叶金扬称为叶纯阳，"虽然书中所提到的湖州人叶纯阳并不一定是最早开始进行人工培育珍珠的人；但可以肯定的是，正是叶纯阳系统地完善了人工培育珍珠的技术，并将它发扬光大、传之后世"。综上，不管是余顺阳还是叶纯阳，这些称呼指向的都是湖州府的某一个人，正是这个人开创了人工珍珠规模化养殖的新纪元。而这个人名之所以出现几种不同的叫法，可能是因为德清方言和普通话的发音不同，从而造成了音译上的不同，这才使得两个学者在同时实地考察之后发表的论文中对同一个人使用了不同的音译名称。

叶金扬像

2. 附壳珍珠养殖技术

（1）植珠与养殖技术

根据文献记载，古代德清附壳珍珠养殖的一般过程为每年四五月的时候收集褶纹冠蚌，先用小型竹签插入蚌壳将其打开，随后插入一些外物。黄铜、青铜、圆的鹅卵石片或者泥土都可以当做外物放进蚌体内。

　　完成以上操作后，将3匙勺的鱼鳞磨成粉末，与水混合后放入小型蚌体内，较大的蚌需要放5匙勺；将竹签撤掉，然后把这些蚌小心地放入十几米深的池塘。一般小型池塘可容纳5 000只蚌，大型池塘容纳的数量更多。池塘水深不超过9～15米。每年向池塘施4～5次尿粪。通常10个月后，就可以把这些蚌从池塘中捞出来了，如果条件允许的话，可以让蚌在池塘里多待一些时间，但最好不要超过3年。

　　附壳珍珠养殖技术既可以生产象形珍珠（珍珠与贝壳融为一体），又可以生产半圆珍珠（珍珠的一部分与蚌壳相连）。半圆珍珠需用小型刀锯在尽可能靠近珍珠的地方将蚌壳切断，再将粘着珍珠的蚌壳部分去掉；去除珍珠内部的黄铜、青铜或者其他东西，然后灌入白蜡，形成圆形珍珠。极端情况下，蚌体可能会再次接受插种，以便生产出更完美的珍珠。

　　在附壳珍珠形成原理基础上发展形成的象形珍珠培育技术至今仍有广泛影响。近代，江苏、上海、江西、福建等地又先后利用贝壳做浮雕，相继培育出造型新颖、色泽光亮、纹理清晰的各种形状的人物、花鸟、鱼和观音菩萨的象形珍珠，其中最大的佛像珍珠，长达10.5厘米，最宽处3.5厘米，最厚处1.1厘米，为当今世界上最大的有核淡水珠。象形珍珠通常造型逼真，银光闪闪，栩栩如生，深受消费者喜爱，值得推广培育。

（2）饲养水域选择

　　育珠蚌的生活环境是水域，水环境不仅决定育珠蚌能否生存和生长，而且直接影响到养殖珍珠的产量和质量，因此对水域环境的选择就显得十

象形附壳珍珠

分重要。古代太湖地区珍珠生产的规模及质量均相当好，应该与该地区优良的水环境有关。南宋时期附壳珍珠养殖技术能够在德清得到大规模推广，说明当时人们已认识到当地的水环境适合珍珠养殖。

养殖珍珠通常要求常年有水源保证，养殖地无污染，进排水方便，最好有微流水（流速在6米／分钟以内），水质养分丰富，水面无水生植物，底质淤泥较少，水深在1.5米左右。水质符合育珠蚌快速生长的需要，具体地说，水的酸碱度以中性和偏碱性为好，一般要求pH为7～8.5。水体中无机盐以钙离子最重要，因为钙是珍珠和珠蚌贝壳的主要成分（以碳酸钙结晶形式存在）。通常要求水中含钙量在10毫克／升以上。另外需要在水体中有充足饵料和有机碎屑。由于育珠蚌没有主动摄食的能力，它只能靠鳃和唇瓣上纤毛的运动形成进出水流，经过过滤获得食物，这种被动的摄食方式使育珠蚌生长所需的营养完全取决于水体中饵料生物和有机碎屑的多寡。

（3）天然蚌的采捕与保护

各种蚌生活的环境有差异。人工采蚌受水温、水深的限制，常见的淡水采蚌方法有以下几种。一是扒子法：扒子像手状，铁制，末端套接普通竹竿，长度依不同水深而定，采捕时，操持者坐在小船头，手握扒杆，将扒子伸入水底，缓缓移动探索蚌体捕捞。在狭窄的荡湾（塘），人可以站在岸边操纵。此法一般不受水深、水流影响，全年均能作业。二是脚踩法：在水位较浅的河道（荡）两侧，或水深不超过作业者身体高度的水面，人立于水中，以脚踩探蚌体而捕。此法在水位较高和寒冷季节不便进行。三是潜水法：作业者直接潜入河底，用手摸捕蚌体。此法在水深、水急和冬季期间操作困难。

珍珠贝资源需要保护的问题古人早有认识，《天工开物》记载："凡珠生止有此数，采取太频，则其生不继。经数十年不采，则蚌乃安其身，繁其子孙而广孕宝质。"就是说，珍珠贝资源是有限的，过度采捕会造成资源枯竭。如果几十年不采，那么蚌可以安身繁殖后代，孕珠也就多了。古人资源保护较典型的案例有成语故事：合浦珠还。"合浦珠还"这个典故之所以流芳千古，就是因为孟尝敢于大胆拨乱反正，在当时历史条件下恢复和保护了珍珠资源。

（三）世代传承：河蚌育珠技术的发展与传播

1. 从自然捕珠到人工养殖

宋代附壳珍珠养殖技术对当时的社会分工产生了重大影响，使得珍珠的规模生产成为现实，更是创造了一种社会行业，并促进了珍珠贸易及加工业的发展。德清钟管、洛舍、雷甸、新安和新市等乡镇的水网地带，是宋代以来天然珍珠和人工珍珠培育的重要产地和发源地。十字港、荷叶浦、钟管、新市等地是珍珠商贸的集散地。

明代，湖州地区的珍珠养殖已经成为一种普遍现象。明代的伍载乔曾写道："春水龙湖水涨天，家家楼阁柳吹绵。菱秧未插鱼秧小，种出明珠颗颗圆。"这里的龙湖就是现今湖州菱湖的别称，湖州菱湖位于湖州城南18千米，南邻德清县钟管镇。

清代，珍珠养殖技术有了进一步发展，人工养蚌育珠已具规模，地方文献资料较完整地记录了各类育珠法。如清代金陵人林六介绍的珍珠养殖方法："碾车渠为珠形，置大蚌中，养之池内，就则成珠，但开蚌口法未得其要耳。旧法用碎珠为末，以乌菱角壳煎煮为丸，纳蚌腹中，久自成珠。此用车渠，较为胜之。"

清同治《湖州府志》记载"种珠法"："取大溪蚌，以清水半缸，贮放露天静处，二月中，取十大功劳（草药），洗净捣自然汁，和细药珠末，丸如黄豆大，外以细螺甸末为衣，漆合滚圆，晒干。启蚌壳内之，每日依时喂养药一次，勿误时刻。养药用人参、茯苓、白芨、白术各一钱，同研细末，炼密成条如米大，于干时重半分为率，养至百日即成珍珠。"

民国时，德清育珠技术相沿旧法。民国二十一年（1932年）版《德清县新志》物产篇有记载："种珠：将鱼鳞捣烂，裹以五村后圩田中土搓圆，嵌于蚌壳内，蓄诸池，一二年后取出之似真珠，惟光浮质亲有底。近销苏浙远贩四川，独钟管人能为之。料珠：出六区八庄草塘，里内用广东白泥，料外以鳞捣烂浇之，烘以火加工如前，光足为上，销于广东、上海等处，胜于目矣。"德清延续古老河蚌育珠生产技艺，非一家独产单干，而是有一大片养殖户从事河蚌育珠生产，育珠成为其重要的经济收入之一。所产珍珠销往江苏、浙江、广东、上海等地。

民国《德清县新志》

新中国成立后，1958年周恩来总理指示："要把千百年落后的自然捕珠改成人工养殖。"1967年，德清县以沈志荣、高雪娥等为代表，继承并改良传统河蚌育珠生产技艺，开始大规模化人工育珠生产，并在"珍珠质量提高""三角帆蚌人工繁殖技术""三角帆蚌病毒性蚌瘟病防治技术"等领域取得了重大突破，开启我国现代淡水珍珠规模化养殖科学之门。

人工培育珍珠、人工孵化珍珠贝研究的成功使德清珍珠产业有了长足发展。1970年，全县插种河蚌1.5万只，获珠10.925千克，德清县第一批淡水珍珠采收成功。1971年，德清县人工繁殖三角帆蚌获得成功，育珠面积达1 000余亩，插种人员183人，管理人员366人。1976年，德清建起国内第一家珍珠综合利用企业——珍珠粉厂。时至1985年，德清县繁殖小蚌873万只，插种26.42万只，产珠1 431千克。20世纪70至90年代，德清县专业从事育珠女工多达数百人，育珠技艺娴熟，全国各地拜师学艺者纷至沓来。

到了20世纪末，我国的珍珠贝及养殖珍珠的研究和生产，基本都达到国际先进水平，部分科研成果占世界领先地位，养殖珍珠的总产量和淡水育珠蚌的养殖珍珠产量均占世界第一位。近几十年，中国的珍珠人已经不

三角帆蚌的养殖插种作业

再单纯地进行珍珠养殖和生产，而是专注于珍珠深加工技术研究，通过科技创新和品牌培养，延长珍珠产业链，提升附加值，带动广大珠农致富。

珍珠深加工技术研究

2．从秘不外传到名扬海外

（1）传承方式独特的传统技艺

叶金扬的附壳珍珠养殖技术对德清社会发展具有重要贡献，不仅解决了当时人们的生计问题，而且大大降低了采珠的危险性，并使珍珠成为湖州及其周边城市的一项重要贸易品，整个城市都在从事这一贸易。关于附壳珍珠养殖技术，据海格发表的文章记载，当时一本书中有关于这一令人感兴趣技术的细节记录，但它并不对外出售。该技术出现在一篇重要的区域贸易的文章中，这里的贸易指的是垄断贸易，这种垄断主要出现在一些村庄或家族，其他的乡镇或者家族若要在叶金扬寺庙举行活动，就需要支付费用，还要对寺庙修补进行捐款。

另外，在德清县当地，曾有河蚌养殖及珍珠生产技术传女不传男的规定，这一民约在当时男权为重的社会中成为一种独特的传承方式，同时也在一定程度上改变了妇女在男权社会的地位，使妇女劳动价值得到充分地发挥、体现与尊重。

（2）欧洲对河蚌育珠的文献记载

叶金扬的附壳珍珠养殖技术同样影响了欧洲国家的珍珠生产。国外最早进行珍珠培育的人是瑞典博物学家林奈（Carl von Linne）。1756年，林奈利用与佛像珍珠养殖技术相似的原理（即让珠贝分泌珍珠质附着在人造核上），在贝壳的外侧穿洞，将附在金属棒一端的石灰球插入贝体内处，5年后收获了有柄珍珠。但这种培育方法与中国最早的人工育珠技术相比，晚了约600年。对于林奈的珍珠培育方法，当时不少研究学者都认为他是受到了中国叶金扬的附壳珍珠培育方法的影响（或启发）。尽管林奈较早地培育出了有柄珍珠，但他的珍珠培育方法在很长时间内，并未为世人所知。1761年，林奈试图将养殖河蚌珍珠的发明卖与瑞典国王，然而却遭到拒绝，他的养殖珍珠方法，也未能广泛传播。直到1859年，林奈有柄珍珠培育的记录、报告和书信得以发表，世人才逐渐了解林奈对珍珠培育所做的贡献。

1772年，瑞典科学家格瑞尔对叶金扬的育珠方法进行了详细地观察和记录，并将这一技术带回了欧洲。格瑞尔在报告的开头提到："中国的珍珠生产协会的人一直保守这个秘密，我从未见到有人将之发表。因此，很荣幸向皇家学会报告我在广东所了解到的珍珠生产情况。"由此可知，18世纪，关于中国人工育珠的方法，在当时还是秘密，没有资料可查，所以格瑞尔极有可能是第一个将中国人工育珠方法介绍到欧洲的人。

除了格瑞尔外，19世纪的旅行者也相继将佛像珍珠及其养殖方法带到欧洲，当时的旅行者描述了他们在中国所见的珍珠生成方法。1851—1852年冬天，英国领事海格（F. Hague）和美国的麦嘉湖（D. T. MacGowan）博士亲自到德清钟管和十字港进行实地考察、采访后写出的文章，详细介绍了钟管和十字港一带的珍珠养殖状况，并对叶金扬附壳佛像珍珠养殖的方法及规模进行了初步探究。

1867年，查尔斯·狄更斯在其创办的期刊《一年四季》中详细描述了中国附壳珍珠形成的过程：把由青铜制成的中国小型佛像放入大型珍珠蚌体，蚌体分泌珍珠质层将佛像覆盖。这一描述说明，此时的欧洲人对于中国附壳珍珠的形成方法已经相当了解。当佛像珍珠出现在欧洲市场时，极大地激起了欧洲人的好奇心，至今欧洲人仍认为带有佛像的珍珠是法力的代表，所以经常把它用在各种法器上，或者当做随身携带的护身符。由上可知，中国珍珠尤其是叶金扬附壳珍珠养殖方法很早就传入了欧洲各国，且对欧洲的珍珠及珍珠文化产生了重要影响。

（3）日本对河蚌育珠技术的改进

清末，中国的珍珠文化传入日本，受我国附壳珍珠养殖方法的启发，日本开始了人工珍珠培育技术的研究。1890年御木本幸吉在三重县神明浦开始珍珠养殖实验。经过3年时间成功获得5颗人工半圆形附壳珍珠，并于次年申请了半圆珍珠特许权，这标志着日本现代人工珍珠培育的开始。在半圆附壳珍珠培育的基础上，为获得正圆游离珍珠，1902年见濑辰平开始在三重县的矢湾展开了研究工作，随后西川藤吉也于1905年在三崎和福良开始相关研究，这些研究均取得了丰硕成果，日本成为亚洲最早实现正圆游离珍珠培育的国家。日本的珍珠产业也由此得以迅速发展。

三

发展之基——经济与生计

浙江德清淡水珍珠传统养殖与利用系统

自古以来，珍珠产业在德清国民经济和社会发展中就发挥着重要作用。珍珠本身具有较高的观赏、美容和药用价值。作为装饰品，珍珠是身份地位的象征；作为珍珠深加工产品的原料，珍珠可被加工为药用珍珠粉及珍珠护肤产品，具有很高的经济利用价值，深加工市场潜力巨大。同时，珍珠养殖、生产与深加工技术，是德清独具特色的农业文化产业，可作为休闲农业发展的重要组成部分，带动乡村休闲旅游第三产发展。

（一）巨大的产业规模：珠民重要的收入来源

1. 世界珍珠看中国

我国人工珍珠养殖主要有淡水珍珠和海水珍珠，其中世界上90%以上的珍珠都是淡水珍珠。除中国之外，在国际上，日本、澳大利亚、美国、越南等国家也是主要的淡水珍珠养殖地区，尤其是日本，在引入了中国淡水珍珠养殖技术之后，结合自身技术，其珍珠养殖业迅速发展，尤其是在20世纪60年代后期。淡水珍珠的母贝主要有三角帆蚌、褶纹冠蚌、池蝶蚌等。随着我国三角帆蚌人工繁殖技术的发展与推广，人工淡水珍珠养殖得到迅速发展，我国已成为世界上最大的淡水珍珠生产国，产量占全球淡水珍珠的95%以上。

（1）中国珍珠生产概况

中国从1958年开始试养海水珍珠，1961年在北部湾畔建成了我国第一个人工海水珍珠养殖场。1964年人工插核珍珠开始批量生产，并在广东、广西两省兴办国营海水珍珠养殖场。20世纪70年代中期，我国进行白蝶珠母贝人工育苗和养殖试验研究并获得成功，并在海南地区进行育苗和养殖生产；80年代开始掌握珍珠加工技术，90年代发展迅速，当时除了进行乌珠漂白、填充、防护珠层等加工外，还掌握了珍珠高档饰品、药用品加工技术。时至21世纪初，我国年产海水珍珠35吨，海水珍珠生产地主要分布在海南、广东和广西三省（自治区）。

我国淡水珍珠产业兴起于20世纪60年代中期，改革开放促使我国淡水珍珠业突飞猛进。中国淡水珍珠产量随时间的推移有阶段性的不同变化趋势。1972年，淡水珍珠产量达6.8吨，1980年为38吨。到了80年代后期，我国已经形成一批经济实力较强、技术水平较高的经济实体和淡水珍珠生产专业大户，90年代后期年产量达到800~1 000吨。21世纪初中国淡水珍珠的年产量已达到1 200吨左右，占世界珍珠产量的95%以上，居世界首位。2009—2010年，我国淡水珍珠生产达到鼎盛时期，年产量达1 800吨。之后几年时间，因环境保护需要，多地开始限制淡水珍珠养殖，产量明显下滑。目前中国的淡水珍珠产地主要在江苏、浙江、湖南、湖北、安徽、江西和四川等省，养殖面积约80万亩，其中浙江养殖面积约50万亩，产量约占全国的90%左右，产值超过6.5亿元。

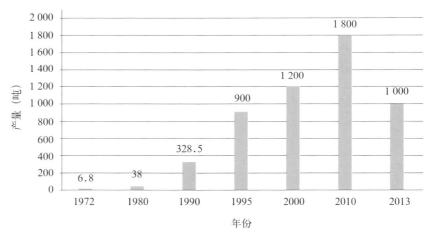

中国淡水珍珠产量变化趋势

（2）中国淡水珍珠贸易概况

目前国内最大的淡水珍珠交易市场在浙江诸暨山下湖和江苏吴县渭塘。诸暨山下湖市场是集现代化养殖、加工、经销一条龙的市场，年交易量超过500吨，成交金额突破3亿元；吴县渭塘市场年成交量在200~300吨，成交金额近2亿元。江西万年县也是中国较大的淡水珍珠养殖县之一，2011年该县珍珠养殖面积约3万余亩，年产珍珠122吨；2012年，该县获得"中国优质淡水珍珠之乡"的美誉。我国淡水珍珠的出口量也很大，每年可达400~500吨，主要出口国家和地区为美国、日本、澳大利亚、俄罗斯、欧洲及东南亚地区。大量的珍珠出口，成为我国水产品出口创汇、农民脱贫致富和增加收益的重要途径。

珍珠行业属于劳动密集型产业，我国有大量的农村劳动力，可以依靠珍珠产业致富。随着我国珍珠行业的迅速发展，国内市场持续繁荣。到2008年，我国珍珠企业突破了500家，从业人员近30万，并且形成了不同层次的企业规模（表1）。

表1　2004—2009年中国珍珠企业状况详情表

时间（年）	企业数量（个）	从业人员（万人）	利润（千万元）
2004	415	27.7	3.5
2005	421	27.8	3.8
2006	453	28.1	4.1
2007	487	28.3	4.3
2008	541	28.5	4.6
2009	553	28.7	4.5

2. 中国珍珠始德清

（1）德清淡水珍珠养殖情况

德清是世界淡水珍珠规模化养殖技术的发祥地，历史上珍珠养殖及珍珠产业是德清经济发展重要支柱之一，并形成了独具特色的珍珠文化。浙江德清淡水珍珠传统养殖与利用系统是一个不断完善和发展的系统，其发展可大致划分为3个阶段。

一是传统的珍珠养殖阶段。叶金扬的附壳珍珠养殖技术阐明了附壳珍珠形成的原理，比由自然界异物偶然进入蚌体而形成的珍珠，更具有目的性，得到的珍珠数量更多。但从叶金扬发明附壳珍珠养殖技术并在德清进行大规模人工养殖开始，直到新中国成立前，人们一直未能在育珠蚌繁殖技术和正圆游离珍珠养殖技术上有所突破，基本是沿用传统的养殖方法。

二是高度发达的珍珠养殖阶段。新中国成立后，德清县以沈志荣、高雪娥等为代表，继承并改良传统河蚌育珠技艺，并在"珍珠质量提高""三角帆蚌人工繁殖技术""三角帆蚌病毒性蚌瘟病防治技术"等领域取得了重大突破，开启了我国现代淡水珍珠规模化养殖科学之门。此后，大规模化人工育珠技术得到广泛传播，珍珠生产迅速发展。

三是高污染的珍珠养殖阶段。进入21世纪之后，德清县当地居民珍珠养殖日渐萧条，德清县的珍珠养殖者已主要为外地商人，他们以高价租得水面后，在高密度养殖的同时，为促进珍珠的快速生长，向养殖水域投放大量的畜禽粪肥，更有不少养殖者，未采取任何消毒和发酵措施，便将畜禽粪肥投入水域，从而对水域造成了严重的污染。因此，德清县于2009年禁止外荡水域珍珠养殖，珍珠养殖面积急剧下降。

（2）德清珍珠产业发展概况

德清珍珠产业曾是德清县渔业生产发展中的一个重要组成，早期的珍珠养殖方式对水质具有良好净化作用，可谓是一举两得的好事。20世纪80年代，德清县外荡养殖珍珠开始崛起，珍珠产量明显提升。1985年德清县年产珍珠1 431千克，成为当年县内主要出口产品。1995年，德清县河蚌珍珠产量18 250千克，产值5 060万元，成为全国最大的珍珠产业化基地。随着德清珍珠产业体系发展势态的稳步提升，至2005年，德清珍珠年产量达到90 476千克，当年德清珍珠产业的发展也达到了顶峰时期。同年，德清县的浙江欧诗漫集团公司的珍珠系列产品也荣获了浙江省农博会金奖的殊荣。德清县自1985年起外荡水域养殖面积稳定在3万余亩，2009年因外荡养殖珍珠环境污染问题愈演愈烈，德清县禁止外荡水域珍珠养殖，珍珠产量直线下降。至2014年，德清珍珠产量只有260千克（表2）。

表2　德清珍珠产量变化

年份	1967	1970	1975	1980	1985	1986	1990	1995	1999	2000
产量（千克）	0	11	192	234.5	1 431	1 747	7 909	18 250	7 955	8 550
年份	2001	2002	2003	2005	2008	2009	2010	2011	2013	2014
产量（千克）	14 735	24 775	49 150	90 476	64 945	81 900	37 410	21 980	1 490	260

3. 德清珍珠数雷甸

德清县雷甸镇的雷甸珍珠以其晶莹透亮、珠圆润滑的高品质，在海内外享有盛誉，有"中国雷甸珍珠"的美称，深受消费者欢迎。雷甸镇也成为浙江省闻名的"珍珠之乡"。

雷甸的珍珠生产，经历了从无到有、从小到大的一个过程。1968年，德清水上实行"渔业改革"，由102户捕捞渔民组织了雷甸水产大队，当时很穷，向国家贷款14万元，才使黄婆漾、大海漾等水面养上了鱼，这批渔民也因此从捕捞转向养殖，改变了生产方式，并从水上以渔船为家逐步转向陆上定居。可是，当时渔民收入很低，劳动一天的收入仅为七角三分，远低于农民收入。怎样才能尽快富起来呢？1968年春，德清县农林局组织大队渔民去江苏参观河蚌育珠，回来后大队党支部选择青年渔民沈志荣等3人，参加嘉兴地区农业局举办的河蚌育珠技术培训班，并成立试验小组，由沈志荣具体负责此项工作。大队党支部书记沈法堂为了使人工育珠早日成功，又邀请浙江省淡水水产研究所派技术干部来大队蹲点，配合试验小组一起进行研究。省、县水产部门也派了技术干部到水产大队，和他们一起进行人工育珠的试验。1973年，人工培育珍珠获得成功，质量一年比一年高，从而经济收入也成倍增加。1982年人均收入就超过了1 200元，可沈法堂不满足于现状，鼓励大家在珍珠生产上大胆创新。经过几年努力，沈志荣成功培育出栩栩如生的金鱼、鹦鹉以及小狗、小猫等多种形状的象形珍珠，并成了高贵的工艺品，受到国外消费者的欢迎，为国家挣得可观的外汇。雷甸培育的珍珠，质量一直保持全国领先的地位。依靠珍珠收入，大家又办起了珍珠工艺美术厂，生产项链、戒指等珍品；还有以珍珠为原料的化工厂及珍珠粉厂，产品都畅销国内外市场。

（二）精湛的利用技术：珍珠增值的必由之路

1. 分级技术

　　珍珠与矿物质宝石相比具有独特的风格，生产过程主要依赖于蚌贝的"创造力"而长成，因此珍珠的品质千差万别。劳动人民在长期的生产实践中，对其质量优劣的鉴别、品级高下的辨认，有着丰富的经验；并认识到珍珠的质量与产珠蚌贝种类有关，即使是同一区域的珍珠，也因水域不同而有质量上的差别。

　　古人认为"南珠色白耀者，为珠中上品，北海珠色微青者，为上品，色青如翠，其老色、夹石粉青，有油烟者，为下品"。品珠"以大小分两定价"，"身分圆而精光者价高"，这是后人王三聘总结了各家品珠标准而定下来的大、重、圆、净的原则。

　　沈怀远在《南越志》中说，珠有九品，为后人多加引述。但定为大品珠的围长却每况愈下。沈氏定的1.5～1.9寸为大品，明代陈继儒说的是"珠一寸以上曰大品珠"，到了宋应星说"自五分至一寸五分经（径）者为大品"。上品硕珠只能为帝王所专有。以重量而言，明代王士性说"重一钱为宝"，清初屈大均则说"重七分者为珍，八分者为宝，故曰七珍八宝"。论珠形与光泽，圆净为贵的原则比较一致。色光而不甚圆或虽圆而不光洁，质量都受到影响。就品种而言，其质量高下依次为珰珠、走珠、滑珠、螺珂珠、官雨珠、税珠、葱符珠。以上是我国古代的分级原则，与现在的所谓圆、大、重、亮、洁已十分接近。

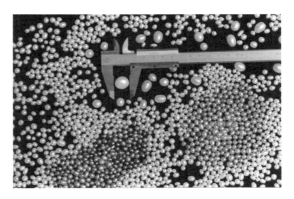

珍珠分级

珍珠的评价

珍珠的好坏评价基本上是以大小、形状、光泽、光洁度、色彩和匹配度为标准的。真珍珠和假珍珠也存在着本质的区别。

1. 大小

大小是评价珍珠质量的重要因素之一，珍珠越大越稀少，越昂贵。"七分珠子，八分宝"，就是说七分大小的珍珠称为珠子，而八分大小的珍珠就成为宝了。

2. 形状

"一分圆一分钱""珠圆玉润"，珍珠越圆越美，这很符合中国人的审美习惯。大颗粒、精圆的珍珠，显现出如圆月的美感。配合光泽，则营造出朦胧的意境美。对称形状较好的异形珍珠如鸡心状、水滴形的，价值亦很高。

3．光泽

光泽指的是珍珠表面发射光的强度及映像的清晰程度，反射光越明亮、锐利、均匀，映像越清晰，质量就越好。所谓"珠光宝气"是指光泽为珍珠的灵魂。无光、少光的珍珠就缺少了灵气。

4．光洁度

珍珠表面由瑕疵的大小、颜色、位置及多少决定其光滑、洁净的总程度。

5．颜色

淡水珍珠的颜色分为下列五个系列，包括多种体色：

（1）白色系列：纯白色、奶白色、银白色、瓷白色等；

（2）红色系列：粉红色、浅玫瑰色、浅紫红色等；

（3）黄色系列：浅黄色、米黄色、金黄色、橙黄色等；

（4）黑色系列：黑色、蓝黑色、灰黑色、褐黑色、紫黑色、棕黑色、铁灰色等；

（5）其他：紫色、褐色、青色、蓝色、棕色、紫红色、绿黄色、浅蓝色、绿色、古铜色等。

淡水珍珠可能有伴色，如白色、粉红色、玫瑰色、银白色或绿色等伴色。

淡水珍珠可能有晕彩，晕彩划分为晕彩强、晕彩明显、晕彩一般。

颜色的描述以体色描述为主，伴色和晕彩描述为辅。

6．匹配度

匹配度是指多粒珍珠饰品中，各粒珍珠存在形状、光泽、光洁度、颜色、大小等协调性的程度。

7．珍珠真假识别

（1）手摸法：真珍珠手摸爽手，有凉快感，而假珍珠手摸滑腻，有温感。

（2）摩擦法：将两颗珍珠进行摩擦，真珍珠有明显的涩感，而假珍珠有明显的滑感。

（3）弹跳法：将珍珠从60厘米高处掉在玻璃板上，真珍珠反弹高度为20～25厘米，假珍珠只能反弹15厘米以下，弹跳力比真珍珠差。

2. 加工技术

要使珍珠能贯串起来，常常要经过打孔或粘结的工序。将珍珠其中的一部分打洞（又称穿孔），固定在器物之上，以便装饰，这在古代文物里常见。北美的印第安人可能是用烧熟的铜丝、打火石制的锥打洞；中国、印度是用铁制的细钻打洞。古时打洞的目的：一是为了加工的需要如串珠等；二是改善某些珠的缺点（如一些小突起、小黑点珠，洞打在这些缺点上面，就能大大改善珍珠的缺点）。根据不同的需要，珍珠可打成全孔或半孔。全孔是在珍珠中心处贯通钻孔，又可分为打直通孔、横眼孔、中间孔。半孔是指孔只钻到接近中心部位为止。一条珍珠项链主要在量要轻，重量轻，价格便宜，销路就好；反之串珠重量重，价格高，销路就比较差。粘结技术在宋末元初人周密撰的《癸辛杂识》中有载："至珠相思子磨汁缀之（白芨亦可），则见火不脱。"宋应星（1637年）的《天工开物》

珍珠串珠

孝端皇后凤冠（故宫博物院藏）

记下了许多珍珠工艺技术和珍珠、珠玉等的资料，至清朝时为最盛。珍珠用作药物多用碾杵，加工工艺简单。

我国自古以来就能巧妙地进行珍珠加工，至今还有许多传说与珍珠加工有关。据传说公元640年，我国藏族祖先吐蕃人的杰出首领松赞干布命大相禄东赞，带着五千两黄金、数百件珍宝来长安求婚。唐太宗李世民答应把宗室女文成公主许嫁之前曾五难婚使，其一"难"是要他将丝线通过九曲珠从另一端引出。婚使涂蜜于线，用蚂蚁引线过了一关，《古今图书集成》所收东坡集注也说到此事。"有人得九曲宝珠，穿之不得。孔子教以涂脂于线，使蚁通之"，所传之事提早到春秋时期。要将一个径小不便操作而又质地硬脆的珍珠打出弯曲九次的孔，其工艺确实相当高超。宋更有专门从事钻珠的"散儿行"（《梦梁录》卷十三）。据唐代李殉说及，珍珠"欲穿，须得金刚钻也"，详细的操作过程不得而知。

至今还有许多珍珠加工品成为珍宝保存下来。目前发现最早的宝饰物，是在苏州的一座古塔发现的，珍珠舍利宝幢，用3.2万颗珍珠编串而成，上面的珍珠颗颗玲珑剔透，灿烂晶莹，是世界罕见的珍宝；从明代万历陵墓出土的有，做工精细装有5 000多颗珠宝的明凤冠，由1 200多颗大小珍珠组成的珠宝佛塔；乾隆皇帝穿的龙袍，在石青缎面上先加五彩刺绣，然后用米珠、瑚珊串成龙、蝙蝠、鹤等花纹，极为华丽；有400多颗珠光莹韵的梅花盆景；有清代皇后的夏冠；后妃头上的钿口、面簪、帽罩、头簪等，慈禧的寿字旗袍，在每个绣上去的寿字中都要缀一颗大珍珠，共缀了80多颗，个个璀璨夺目，巧夺天工。这类器物，故宫博物院、历史博物馆保存得更多。

3. 保养技术

珍珠美丽可爱，因为珍珠表面有光泽，加工成的珍珠饰品熠熠生辉，令人爱不释手，但如果珍珠饰品的使用与保养不当，珍珠就易变黄，色泽也变得暗淡，所以消费者应该掌握一些使用和保养的知识，这样才能使饰物能保持得更美观，使用得更长久。珍珠中含有90%~95%的碳酸钙、5%的有机物质和0.5%的水分。水的含量虽然很少，但这少许的水分是极其重要的，珍珠的寿命就是靠它来维持。失去光泽而干枯的珍珠，就是由于失去水分的缘故，所以在使用和保养时应注意到这一点。珍珠饰品佩戴久后会变黄，这是消费者比较苦恼的问题。通常致使珍珠变黄的原因是由于人体分泌的油脂和酸性分泌物对珍珠的锈蚀和污染，或者由于经常接近高温、化学药品和接触化妆品的缘故，因此在使用时必须注意。珍珠饰物长久使用后，慢慢会失去原有的光泽，或某些部位沾染了污垢，这样就该将它清洁一下。洗涤珍珠的方法很多，我国古人用"冬叶水""马蹄汁"或"鸭唾液"等清洗，效果很好。

（三）多样的利用方式：全身是宝的珍珠蚌贝

1. 药用美容

珍珠作为重要的药材，在我国已有2 000多年的历史，它已是祖国医药宝库中的一颗明星。约成书于汉末的医书《名医别录》、梁代的《本草经集注》、唐代的《海药本草》、宋代的《开宝本草》、明代的《本草纲目》、《雷公药性赋》等历代医药古籍中都对珍珠的疗效有过明确的记载。时至今日，《中华人民共和国药典》及《中药大辞典》均指明：珍珠具有安神定惊、明目去翳、解毒生肌等功效。

由于蚌体能通过一系列生理活动，富集分散在水中的微量元素，将它们汇总到珍珠中，而珍珠中的许多微量元素，有相当一部分往往是人体缺乏而需要得到补充的物质，因此可以认为珍珠是人们理想的微量元素供应物。珍珠中含有很多元素，除含有钙38.82%、碳12.57%、氢0.34%、氮0.52%外，还含有各种微量元素和痕量元素。我国历代用珍珠治疗疾病，积累了丰富的经验，配制了各种中成药及复方制剂至少有二十多种，如珍宝散（《丹台玉案》）、油蜡膏（《本草纲目》）、珍珠丸（《本草洄言》）、珍珠散（《太平圣惠方》）等。

《名医别录》首次记载了珍珠可以美肤："敷面令人润泽好颜色。"明代《本草纲目》中对于珍珠的美肤功效也有所记载："涂面，令人润泽好颜色。涂手足，去皮肤逆胪。除面黯。"现代科学研究同样表明，珍珠在美容养颜方面具有独特的作用。

美白：珍珠所含氨基酸及锌、锰、铜等微量元素，能促进人体自身SOD（超氧化物歧化酶）活性提高，帮助清除自由基，并能抑制酪氨酸酶活性；此外最新研究发现珍珠中的多肽类成分，能抑制内皮素对黑色素细胞造成的刺激，从源头阻断黑色素生成。

保湿：珍珠所含氨基酸与人体天然保湿因子（NMF）组成相似，能被肌肤有效吸收，强化肌肤保湿机能。

净化：珍珠能通过内外两种方式净化肌肤。外部：亚微米级的珍珠粉体能吸走肌肤表面污垢以及多余油脂；内部：珍珠所含活性成分能复合作用于肌肤，促进细胞代谢，帮助清除包括自由基在内的多种有害物质。

修护： 珍珠中的镁、锌、硒等微量元素有助于镇静舒缓肌肤，甘氨酸、甲硫氨酸等营养成分则能促进细胞生长及分裂，使肌肤回复弹性与光泽。

抗衰： 珍珠的抗衰机理非常复杂，目前已知的作用包括：帮助肌肤清除自由基等有害物质，防止细胞受损；促进表皮细胞生长及分裂，强化肌肤屏障功能；促进真皮层胶原蛋白及弹力蛋白生成，延缓皱纹与皮肤松弛的出现。

2．珍珠饰品

珍珠作为首饰起源很早。《格致镜原》引《妆台记》的记载说："周文王于髻上加珠翠疾翘花，傅之铅粉，其髻高，名凤髻。"根据这条记载，珍珠作为首饰距今已有 3 000 年的历史。秦汉以后，以珍珠作为首饰的现象更普遍了，皇帝、后妃、宫中侍女、官宦人家的夫人、小姐头上都有珍珠饰物。时至今日，珍珠仍然是人们生活中的一种重要饰品。

银镀金嵌珠双龙点翠长簪（故宫博物院藏）

珍珠胸针

不但首饰用珍珠，服饰也用珍珠。《汉书·霍光传》记有："太后被珠襦，盛服坐武帐中"，珠襦是用珍珠缀成的短袄。当然皇帝穿朝服时，更要利用珍珠装饰。在古代鞋子也经常要用珍珠装饰，在很多古籍中都有所记载，如《史记》卷七十八《春申君列传》记有"春申君客三千余人，其上客皆蹑珠履"，李白《寄韦南陵冰，余江上乘兴访之遇寻颜尚书笑有此赠》诗"堂上三千珠履客，瓮中白斛金陵春"等。至今，在故宫珍宝馆中还可以看到有相当数量的珍珠镶嵌在帝王后妃们的穿戴上。

珍珠龙袍

注：衣长147厘米，两袖通长106厘米，下摆宽123厘米。龙纹、腰封均饰以白色米珠缉制而成。另珠履亦由数千粒米珠缉制而成。现藏于欧诗漫珍珠博物院。

世界著名的十大珍珠

1. 普林塞萨之珠：来自菲律宾巴拉望岛的一位渔民捕捞巨蚌时意外发现的一颗巨型珍珠。该珍珠宽30厘米、长66厘米左右，重达34千克。据专家估计，这可能是目前世界上发现的最大珍珠，价值约1亿美元。由于渔民对其价值一无所知，这颗巨型珍珠被渔民藏于床下长达十年之久，直到公开展示后才被命名为"普林塞萨之珠"。目前该珍品存放于菲律宾普林塞萨港旅游局。

2. 老子珠：又名"真主之珠"，长241毫米，宽139毫米，珠重6350克，于1934年5月7日采收于菲律宾巴拉望海湾中。此珠当时价值高达408万美元，现存于美国旧金山保险库中。

3. 亚洲之珠：珠长径约100毫米，短径60～70毫米，珠重达121克。1628年在波斯湾被采到。当时波斯国王蒙乌尔将其买下，并命名为"亚洲之珠"。之后另一位波斯国王送给了中国乾隆皇帝。

4. 希望之珠：长径50.8毫米，最小部位周长为82.5毫米，最大部位周长为104.3毫米，珠重117.10克，最早为伦敦某银行家收藏，后来据说被藏入英国大不列颠国家历史博物馆。

5. 奥维多珍珠：1520年有人在巴拿马买到一颗大珍珠，重26克拉或5.2克，传说当时有人用珍珠重量的650倍纯金交换。该珍珠又称"莫来勒斯珍珠"。

6. 拉帕雷格林纳珠：重量为134格令[①]，即43.4克拉或8.7克。1560年发现于委内瑞拉。最初赠给西班牙菲利浦二世，到1734年因王宫失火下落不明。

7. 卡罗塔珍珠：又名"墨西哥女皇珍珠"，其形状为精圆，重量为86格令，即27.9克拉或为5.6克，这是一颗品质极为优异的天然野生珍珠。相传这颗珍珠曾为墨西哥女皇卡罗塔所有，故而得名。

8. 查理二世珍珠：1691年发现，因赠给英国查理二世皇帝而得名。其重量为28克拉或5.6克。

9. 珍珠女王：一颗非常漂亮的东方珍珠，重达27.5克拉或5.5克，已于1792年与法国王室的珠宝一起被盗。

10. 摄政王珠：呈卵形，重量为84.25克拉或16.85克，于1887年出售。是曾经属于法国王室的一颗大珍珠。

①格令，为非法定计量单位，1格令≈0.065克。——编者注

　　根据国家珍珠标准，按养殖珍珠质量因素级别，将用于装饰的养殖珍珠划分为珠宝级珍珠和工艺品级珍珠两大级别。只有符合珠宝级的珍珠才能用作珠宝首饰，其余的则被用来做工艺品。

欧诗漫珍珠王冠

欧诗漫珍珠宝船

注：欧诗漫珍珠宝船长6.19米，宽1.89米，高5.98米，总重约2吨，船身由欧诗漫工艺大师将2 002 447颗璀璨珍珠经过数十道工艺制作而成，是目前世界上镶嵌珍珠最多的工艺品。现藏于欧诗漫珍珠博物院。

3. 蚌肉利用

河蚌生产珍珠的同时，河蚌肉也是饮食佳品之一，不仅富含很高的营养价值，而且有益于人体营养的吸收。蚌肉所含矿物质、维生素及氨基酸，在种类、数量上完全符合人体的需要。蚌肉不但可以取食，而且其营养价值也较高。蚌肉可食部分中含丰富的钙质，可以补充植物性食品所缺的钙，有助于人类骨骼的发育。

根据《本草纲目》记载："蚌肉，甘、咸、冷，无毒。"即蚌肉性寒，味甘、咸。蚌肉具有止渴，除热，解毒，去眼赤的作用。蚌汁常用于除痔肿，治痔疮、脱肛、肿痛。河蚌肉富含蛋白质，具有维持钾钠平衡、消除水肿、提高免疫力、调低血压、缓冲贫血、有利于生长发育的作用。河蚌中富含磷，具有促进骨骼和牙齿生长及身体组织器官的修复、供给能量与活力、参与酸碱平衡调节的作用。河蚌中还富含钙，钙是骨骼发育的基本原料，直接影响身高；调节酶的活性；参与神经、肌肉的活动和神经递质的释放；调节激素的分泌；调节心律、降低心血管的通透性；控制炎症和水肿；维持酸碱平衡等。河蚌能解乙醇毒性，并能解酒后使毒素迅速排出体外；可解酒后头痛脑涨、脸红等症状；缓解酒精在胃内吸收，保护胃黏膜。河蚌能清心泻火、清热除烦，能够消除血液中的热毒；适宜于容易上火的人士食用。

河蚌肉比较韧、有嚼劲，一般人群均可食用，不过蚌肉性寒，对脾胃虚寒、腹泻便溏之人忌食。一些河蚌身体里生有寄生虫，食用的时候必须彻底煮熟。河蚌制作方法多样，适合烧、烹、炖。剖取河蚌肉时需要一定的技巧，先用左手握紧河蚌，蚌口朝上，再用右手持小刀由河蚌的出水口处，紧贴一侧的肉壳壁刺入体内，刺进深度约为1/3，用力刮断河蚌的吸壳肌，然后抽出小刀，再用同样方法刮断另一端的吸壳肌，打开蚌壳，蚌肉即可完整无损地取出来。

4．蚌壳利用

（1）制作贝雕

贝壳形成之自然色彩、色层、形态、形质等均可施以雕刻或加工利用。我国用贝壳制作装饰品，历史久远。我国古代的建筑、家具和陈设上也经常用贝壳来装饰；贝壳在近代工艺上的用途也是多方面的，如制高级纽扣的原料，雕刻用的良材；新中国成立后还利用贝壳的正反面颜色及中间的潜伏色镶制成各种工艺美术品，如果盘、台灯、挂屏等，甚至把徐悲鸿的"马"、吴凡的"蒲公英"临摹得惟妙惟肖。

（2）制珍珠核

贝壳和珍珠系同原物质，不但珠层与贝壳质珠核密接牢实，不易脱落或松层；同时二者的比重也接近。用作制核的贝壳有背瘤丽蚌、三巨丽蚌、猪耳丽蚌等数种。它们的壳质肥厚且坚实，能制出

贝雕

大中小各种规格的珠核。另外，还有角月丽蚌、多瘤丽蚌和巴氏丽蚌等，也是制作珍珠核的好材料。三角帆蚌的壳质坚硬，比重与珍珠相近；珍珠层的厚度大，所制珍珠核，质白细腻。但三角帆壳厚度比背瘤蚌的薄，因此，只能利用三角帆蚌生产2~4毫米直径的小型珠核。

（3）珍珠层粉

育珠蚌的珍珠层，与珍珠是同源，都是珍珠蚌的外套膜表面细胞不断分泌的珍珠质形成的，故其所含成分与珍珠大体相同，主要成分是钙和多种氨基酸，还有少量金属元素等。其中的角壳蛋白含有人体能合成和不能合成的氨基酸，如甘氨酸、丙氨酸、精氨酸等。角壳蛋白经酸水解的氨基酸，大部分参与人体酶系统的新陈代谢，增长人体细胞ATP（三磷酸腺苷）酶的活力，调节血液酸碱度，十分有益于人健康，尤其能延迟衰老。

蚌贝制的珍珠层粉在医药上的作用基本同于珍珠粉，具有安神定惊、清热益阴、明目解毒、消炎生肌、止咳祛痰的功能，适用于胃及十二指肠溃疡、失眠、神经衰弱、肝炎、咽喉肿痛等症；对赤眼、湿疹、刀伤、水火烫伤、肌肉外伤、痔疮、子宫颈炎、子宫糜烂等内服外用相结合疗效更为显著；对高血压、癫痫、风湿性心脏病、胰腺炎、膀胱炎等症也有一定疗效。珍珠层粉可制成片剂和丸剂，亦可和其他中成药制成复方。

（4）其他利用

蚌壳在工农业生产上用途极广。珍珠蚌经煅烧而成石灰，可供建筑之用。蚌壳含碳酸钙90%以上，是制电石（CaC_2）的良好材料。珍珠蚌壳以粉碎机强力打碎磨细，可供作家畜、家禽、鱼类饲料之用。蚌壳含有大量碳酸钙，是良好的钙质饲料，禽畜饲料中如钙质缺乏，会引起禽畜生长不良，可能产生软骨病或引起肢骨及肋骨变形，有的大家畜在缺乏钙的情况下，产生痉挛症，母畜产仔后因缺钙而易瘫痪，家禽缺钙下软壳蛋，鱼类缺钙则易发生弯体病。饲料中经常辅以蚌壳粉，对以上禽畜缺钙引起的病症，均有良好的治疗效果，对其繁殖生长有很重要的作用，能增加乳汁和多下蛋等。蚌壳除以上用途外还可作肥料，蚌壳粉加过磷酸钙、硫酸铵及堆肥混合制成颗粒肥料，肥效较好。

四

和谐之美——生产与生态

浙江德清淡水珍珠传统养殖与利用系统

　　在自然界中，蚌的身体大部分潜伏在泥沙质土壤中，属于底栖动物。与蚌共生的青鱼、草鱼、鲢鱼、鳙鱼、微生物群体及水环境共同构成一个相对稳定的生态系统，对水质改善、物质循环、群落数量平衡、群落种群的稳定、生态环境安全等均有重要作用。面对当前生态环境不断恶化，环境保护压力巨大的严峻形势，传统珍珠养殖在近千年的发展中，一直与生态环境和谐发展，并形成了很多好的养殖模式，属于生态农业的典范，对促进现代水产养殖业的良性发展具有很好的示范和借鉴作用。

（一）粮桑鱼畜循环利用

　　德清县是中国传统"粮桑鱼畜"系统最集中、保留最完整的区域，该系统起源于春秋战国时期。千百年来，区域内劳动人民发明和发展"粮桑鱼畜"生态循环模式，最终形成了种桑、种稻（麦）、畜牧和养鱼相辅相成，桑地、稻田和池塘相连相倚的江南水乡典型的"粮桑鱼畜"系统和生态农业景观。"粮桑鱼畜"系统是一种具有独特创造性的洼地利用方式和生态循环经济模式，其最独特的生态价值实现了对生态环境的"零"污染。

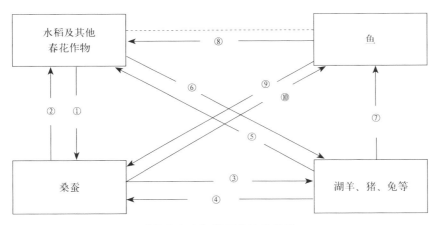

"粮桑鱼畜"循环系统示意图

　　注：①稻草供蚕"上山"结茧

　　　　②"蚕沙"肥田

　　　　③老桑叶、桑地杂草喂牲畜

　　　　④牲畜粪便等肥地

　　　　⑤牲畜粪便可肥田

　　　　⑥稻草麦秆等可作饲料，也可垫畜舍

　　　　⑦牲畜粪便可喂鱼

　　　　⑧鱼塘底泥可返田作肥料

　　　　⑨鱼塘底泥可返桑地作肥料

　　　　⑩"蚕沙"喂鱼

　　　　虚线处：稻田养鱼

"粮桑鱼畜"循环系统是一种典型的基塘系统，整个生态系统中，鱼塘肥厚的淤泥被挖运到四周塘基上作为桑树肥料，由于塘基有一定的坡度，桑地土壤中多余的营养元素随着雨水冲刷又源源流入鱼塘，养蚕过程中的蚕蛹和蚕沙作为鱼饲料和肥料，生态系统中的多余营养物质和废弃物周而复始地在系统内进行循环利用，没有给系统外的生态环境造成污染，对保护太湖及周边的生态环境及经济的可持续发展，发挥了重要的作用。

由于基塘系统的水陆相互作用，产生下列几个特点：

（1）具有经常维持养分平衡的作用

每年从鱼塘向基面戽泥花和上大坝时，带有大量有机质和养分到基面上去，使基面经常保持一定肥力。每逢降雨，基面有机质和养分又随径流回到鱼塘去，鱼塘又获得养分补充。同时鱼塘经过光合作用又可产生大量浮游生物作为鱼的饲料。

（2）具有自动调节水分能力

每年从鱼塘戽坝花上基面时，泥花含泥75%，含水分25%，可以使基面保持一定水分。

（3）不断促进土壤更新

基面泥沫随着径流流入鱼塘，沉积在塘底，成为塘泥的一部，如果不及时清理，塘泥淤浅的结果，不仅使鱼塘养殖量减少，且消耗水分的溶解氧，影响鱼的生长，因此每年要上大坝、上泥花到基面去，不仅可以增加基面的养分、水分，同时对塘坝和基面的土壤也都起到更新作用。

（4）能起调节旱涝作用

基塘结构的形式是呈凹形的基水相连，基面隆起，不会受浸，而作物遇旱情，可以通过土壤毛细管作用，使根系获得鱼塘水分的调节；雨季如遇洪水，鱼塘也有一定蓄洪作用。

(5) 增加系统稳定性

基面和鱼塘把多种生物聚在同一单位土地上，组成复杂的网络系统，增加了系统的稳定性，同时能生产多种产品，满足社会多方面的需要，在产量风险和市场风险方面起补充作用，保持较稳定的经济效益。

基塘系统各个组成成分之间的能量流和物质流是生态系统的基本功能，它们二者是不可分割、紧密结合的一个整体，是生态系统的动力核心，也是驱动一切生命活动的齿轮。

基塘系统的能源是太阳辐射。太阳能输入基塘系统主要通过三条途径：第一条，基面作物吸收了投射到基面上的部分太阳能，通过光合作用加以固定；第二条，鱼塘里的浮游植物吸收进入水中的部分太阳能，通过光合作用加以固定；第三条，固定于饲料中的太阳能从外系统输入鱼塘。通过上述三途径进入基塘系统的太阳能，在各个组成成分之间、各个子系统之间进行着一系列的能量交换，伴随复杂的食物链，构成了复杂的能量流，以各种不同的形式和途径输出到系统外。

参与基塘生态系统物质流的所有元素中，氮、磷、钾是植物生长繁殖所必需的基本元素，也是生物细胞分子结构中蛋白质和氨基酸不可缺少的组成部分，并在生命活动的各种代谢过程中起着十分重要的作用。

基塘系统

基塘系统是由水陆资源组成起来相互作用的水陆立体种养体系。这个系统结构完善，各部分之间相互协调、相互补充、相互依存发展，生物与环境相适应，资源更新能力强，在生产上具有永续能力作用，塘鱼需要基面提供饲料，基地需要塘泥维持肥力。当塘鱼饲料吃完了，获得基面饲料补充，基面肥力被作物吸收后，获得塘泥补充。如果是基面和鱼塘经常保持一定的肥力，使基面的作物和塘鱼紧密联系起来协调发展，这是一个较完整的食物链系统，一个良性的营养物质循环系统和能量流系统，基面作物和塘鱼本身也自成系统。

以桑基鱼塘为例，该系统是由桑、蚕、鱼三大部分构成，而桑、蚕、鱼本身也各自成系统，因此桑基鱼塘是由大小循环系统构成、层次分明的水陆相互作用的人工生态系统。桑基鱼塘系统的运行是从种桑开始，经过养蚕、进而养鱼。桑、蚕、鱼三者联系紧密，桑是生产者，利用太阳能、二氧化碳、水分等生长桑叶，蚕吃桑叶而成为初级消费者；鱼吃蚕沙、蚕蛹而成为第二消费者。塘里微生物分解鱼粪和各种有机物质为氮、磷、钾等元素，混合在塘泥里，又还原到桑基中去。微生物是分解者和还原者，因而这个循环系统的能量交换和物质循环是比较明显的，各个部分之间紧密联系、相互促进、相互发展。其他类型的基塘系统虽然程度不同，但都是由基塘两个子系统构成的水陆相互作用的人工生态系统。

桑基鱼塘（王斌／提供）

（二）互利共生立体养殖

人工立体生态养殖指根据不同养殖生物间的共生互补原理，在一定的养殖空间和区域内，运用生态技术和管理措施，使不同种类的生物在同一环境中共同生长，利用自然界物质循环系统，保持生态平衡、提高养殖效益的一种养殖方式。

"粮桑鱼畜"复合生态系统，在处理好种桑、养蚕、养鱼的关系时，池塘还必须在养殖品种和物质能源方面增加投入，以提高单位面积产量。据旧县志记载，早在2 000年前，德清人已利用水面养鱼，并实行鱼鳖混养。相传今德清干山境内的范蠡湖（今蠡山漾），为春秋时期越国大夫范蠡养鱼处，其所著《养鱼经》用传说讲述鱼鳖混养的好处。清康熙时郑元庆在《湖录》中说："鲩鱼即草鱼，乡人多畜之池中，与青鱼俱称池鱼。青鱼饲之以螺蛳，草鱼饲之以草，鲢独受肥，间饲之以粪。盖一池中，畜青鱼、草鱼七分，则鲢鱼二分，鲫鱼鳊鱼、一分，未有不长养者"。此种混养经验延续至今，已发展成为多种混养模式。

范蠡《养鱼经》

范蠡，字少伯，汉族，春秋楚国宛（今河南南阳）人。春秋末著名的政治家、谋士和实业家。后人尊称"商圣"。他出身贫贱，但博学多才，与楚宛令文种相识、相交甚深。因不满当时楚国政治黑暗、非贵族不得入仕而一起投奔越国，辅佐越国勾践。帮助勾践兴越国，灭吴国，一雪会稽之耻，功成名就之后激流勇退，化名姓为鸱夷子皮，变官服为一袭白衣与西施西出姑苏，泛一叶扁舟于五湖之中，遨游于七十二峰之间。期间三次经商成巨富，三散家财，乃中国儒商之鼻祖。世人誉之"忠以为国；智以保身；商以致富，成名天下。"相传范蠡曾在蠡湖泛舟养鱼并著《养鱼经》，是为中国最早的养鱼著作，共一卷。范蠡晚年居陶，称朱公，后人遂称之为陶朱公，故本书又名《陶朱公养鱼经》《陶朱公养鱼法》《陶朱公养鱼方》等。东汉初年已出现，《世说新语·任诞篇》注文所引《襄阳记》中有汉光武时"侍中习郁于岘山南，依《范蠡养鱼经》作鱼池"的记载。本书现存共400余字，以问答形式记载了鱼池构造、亲鱼规格、雌雄鱼搭配比例、适宜放养的时间以及密养、轮捕、留种增殖等养鲤方法，与后世方法多相类似，是中国养鱼史上值得重视的珍贵文献。

据《养鱼经》记载："夫治生之法有五，水畜第一。水畜，所谓鱼池也。以六亩地为池，池中有九洲。求怀子鲤鱼长三尺者二十头，牡鲤鱼长三尺者四头，以二月上庚日内池中令水无声，鱼必生。至四月内一神守，六月内二神守，八月内三神守。神守者，鳖也。所以内鳖者，鱼满三百六十，则蛟龙为之长，而将鱼飞去，内鳖则鱼不复去。在池中周绕九洲无穷，自谓江湖也……"，意思是说，集货生财之道有五样，水产养殖排第一。水产养殖，就是所谓经营鱼池。用六亩（现约为2～3亩）地的面积开挖为鱼池，池中布置一些土墩。准备怀卵雌鲤鱼长3尺（春秋时期1尺约为16.5厘米）20条，雄鲤鱼长3尺4条，在农历二月上旬的庚日（第7天）让鱼池中保持安静不加惊扰，则鱼必然会正常交配生产。到四月时往池内放养第一只神守，六月时放养第二只神守，八月时放养第三只神守。所谓神守，就是我们常说的鳖。之所以往池中放养鳖，是因为传说鱼的数量达到360条以上，则会有领头蛟龙出现，并将其他鱼带走飞离，池内有鳖（神守）则鱼不会飞离了（用传说说明鱼鳖混养的好处）。鱼在鱼池中围绕众多土墩来回逡游，就感觉像在自然的江湖中一样。

德清珍珠人工立体生态养殖，是在水体中通过吊养的方式养殖河蚌，同时在水体中养殖鱼类，利用鱼类的残饵直接作为河蚌的食物或利用鱼类的残饵和粪便培育浮游藻类作为河蚌的饵料，从而有效地改善水质，保护水域的生物多样性，增加生态系统的稳定，实现生态效益和经济效益共赢的目标。鱼、蚌均生活在水中，利用它们共生原理，在池塘中进行立体养殖，可实现优化生产结构，以鱼带蚌，以蚌补鱼，获得良好的经济效益，鱼珠双丰收。育珠蚌以自繁为主。自己繁殖，自己培育，自己接种，不仅成本低，而且蚌的体质好，适应性强，病害少，成活率高。蚌的品种以三角帆蚌和褶纹冠蚌为主，重点是三角帆蚌，此蚌产出的珍珠质量好，产量高，价格也好。河蚌与鲢鳙鱼的食性均以浮游生物为主，具有相互争食现象，青鱼和鲤鱼等肉食性鱼类容易损害河蚌，而草鱼、鳊鱼、鲫鱼等，与河蚌不但没有食性矛盾，而且互相有利，通过混养可以达到丰产丰收的效应。同时，在考虑放养鱼种时，要掌握好以养鱼为主还是养蚌为主，即蚌多少养鱼，鱼多少养蚌。

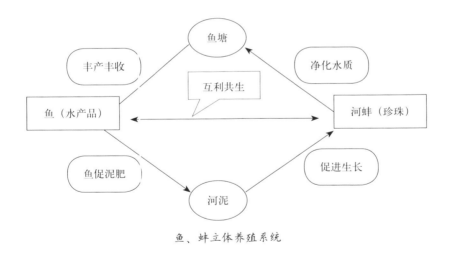

鱼、蚌立体养殖系统

珍珠立体养殖的生态环境效益主要体现在河蚌及鱼类等的生态效益和河荡的生态效益，其中河蚌的生态效益包括控制水华、提高透明度、富集重金属、提高水质，利用营养元素、净化水质，而河荡的生态效益主要体现在其水源涵养和气候调节的作用。具体情况如下：

（1）控制水华、提高透明度

河蚌和鱼类能够过滤大量水体，通过鳃、唇瓣、纤毛的过滤作用摄取水体中的浮游植物和有机碎屑；同时，河蚌还能直接利用水体中的有机物（如氨基酸、脂类等）改善水质，抑制藻类的过度生长，降低叶绿素含量，从而有效地控制水华，提高水体的透明度。研究表明，与无河蚌的水体相比，养殖河蚌的水体在短时期内，其叶绿素含量降低了57.5%，水体透明度提高了7~8厘米，而在较长的时期内，河蚌能够大量地消除池塘中的悬浮物和叶绿素，从而进一步大大地提高水体透明度（从原来的26厘米提高到80厘米）。

（2）富集重金属、改善水质

河蚌本身的器官（如斧足、鳃、肝脏、肠道和生殖腺等）能够吸收和富集水体的重金属、放射性元素（如铬、铅和铀等），从而对水体中的重金属污染有明显的净化能力，研究表明，在持续处理12天的情况下，河蚌养殖能使水体铬、铅、铀含量分别下降83%、77.6%和72%，从而有效地改善水质。

（3）利用营养元素、净化水质

河蚌和部分鱼类以浮游藻类为食，而藻类的生长需要利用水体中大量的营养元素；同时，河蚌和鱼类又可以通过自身的排泄作用，将水中的溶解态的营养元素转移到水体底泥中供底栖硅藻利用，从而降低水体营养元素的浓度。此外，河蚌的滤食及排氨作用改善硝化细菌的基质条件，提高硝化细菌的密度，促进硝化反应的进行，从而提高了总氮的去除率。研究表明，与投放有机肥的养殖方式相比，立体生态养殖降低水体的氮、磷、化学需氧量和生化需氧量含量分别为67.3%、73.2%、38.1%和15.5%，水质明显提升。

（4）河荡水源涵养

河荡资源不仅可以成为天然的蓄水系统，具有蓄水调洪的功能；同时作为一种长期存在、有着丰富水资源的自然生态系统，往往与区域地下水含水层有着直接的水文联系，可以起到补充地下水的作用。在多雨或涨水的季节，过量的水被河荡储存起来，直接减少了下游的洪水压力。然后，在数天、数周甚至数月里，再慢慢地释放出来，补充给河流或下渗补充地下水，有效地缓解枯水期河流缺水或断流的问题。

（5）河荡气候调节

由于水的热容量小于地面，吸热和放热都较慢，所以河荡环境中气温变化较为缓和，而干燥的地面上气温变化则较为剧烈。河荡湖泊通过水平方向的热量和水汽交换，使其周围的局地气候具有温和湿润的特点，具有调节气候的作用，其距离愈近，影响愈大，对极端最高气温也有调节作用。河荡淡水湿地生态系统通过与周围的水汽交换，增加周围地区的空气湿度。特别是 5～9 月影响十分明显，冬季影响较弱。通过蒸发，河荡可持续不断地向大气输送大量的水气，增加空气湿度，调节区域气候，降低旱灾发生的频率和危害。

（三）稻鱼共生复合经营

近几年，德清全面贯彻落实稳粮增收工程建设，不断探索总结新模式、新技术，率先实现浙江省"百斤鱼、千斤粮、万元钱"目标，有力促进了农业增效、农民增收。稻鱼共生、稻鳖共生（轮作）、稻虾共生、稻鳝共生等新型种养模式走在全国前列，受到农业农村部、省、市、县各级领导与专家们的高度肯定与赞誉，全国各地前来参观学习的人络绎不绝。

1. 稻鱼共生

稻鱼共生系统也就是我们常说的稻田养鱼，是一种典型的生态农业生产方式。在这系统中，水稻为鱼类提供庇荫和有机食物，鱼则发挥耕田除草、松土增肥、增加氧气、吞食害虫等功能，这种生态循环大大减少了系统对外部化学物质的依赖，增加了系统的生物多样性。作为一种典型的农田生态系统，水稻、杂草构成了系统的生产者，鱼类、昆虫、各类水生动物如泥鳅、黄鳝等构成了系统的消费者，细菌和真菌是分解者。

稻鱼共生系统通过"鱼食昆虫杂草—鱼粪肥田"的方式，使系统自身维持正常循环，不需使用化肥农药，保证了农田的生态平衡。另外，稻鱼共生可以增强土壤肥力，减少化肥使用量，并实现系统内部废弃物"资源化"，起到保肥和增肥的作用。有分析表明，稻鱼共生系统内磷酸盐含量是单一种植系统的1.2倍，而氨的含量则是单一种植系统的1.3~6.1倍。另外，系统中的鱼类还可松土，提高土壤通气性，改善土壤环境。

2. 稻鳖共生

稻鳖共生是以水田（池塘）为基础，以水稻和鳖的优质安全生产为核心，充分发挥稻鳖共生的除草、除虫、驱虫、肥田等优势，实现有机、无公害优质农产品生产。甲鱼和水稻生活在一起，像是回归到了野生环境。甲鱼可以躲在水稻丛中玩耍，吃的"野东西"更多了，稻田里、水稻叶上的虫、蛙、螺、草籽等，这都是以前在单纯的养鳖池里吃不到的天然饲料。对于水稻来说，鳖的粪便以及池塘里的氨基酸作为水稻种植的化肥，不需要除草、施肥和用药，提高了大米的品质。浙江清溪鳖业股份有限公司作为示范基地，从

1999年起就开始了连续的稻鳖轮作试验，从2010年起又进行稻鳖共生试验，通过50多种不同模式的试验和对照试验，摸索出了多种成功的稻鳖轮作与共生模式，积累了较为成熟的经验，得到了农业农村部渔业局、全国水产技术推广总站、浙江省海洋与渔业局等上级部门和领导的充分肯定。

3．稻虾共生

　　稻虾共生即在稻田需要排水整田、插秧时，于4～5月稻田中为投放的幼虾或留存虾准备一个宽敞、充足的藏身水域。等整田、插秧完成后，再放水，把沟里的幼虾引放到稻田里让其继续生长。待到8～9月的时候，这些幼虾便长成了大虾，不仅增加了产量，还解决了秋季没虾吃的问题。为了养虾，在稻田中挖了许多沟渠，虽然减少了稻田的总面积，但是从稻田的亩产值来看，运用"稻虾共生"技术的稻田，其产值从2 000元，提高到了45 000元。稻田养小龙虾需要开挖总面积17%的养殖沟，且一年只种一季作物，但通过冬季蓄水保持地力，再通过选用优良水稻品种、合理密植等方法，可保证水稻的有效分蘖、穗数和正常穴数，水稻产量比同等面积水稻增产许多。

　　水稻生长过程中产生的微生物及害虫为小龙虾提供了充足的饵料，小龙虾产生的排泄物又为水稻生长提供了良好的生物肥，形成了一种优势互补的生物链，使生态环境得到改善，实现生态增值。由于青虾对农药十分敏感，稻田不能使用农药治虫；使水稻增产的过量化肥也会破坏龙虾的生存条件。因此，农民为了龙虾带来的高收入，克制使用农药化肥。这样一来，采用"稻虾共生"的立体生态技术，稻田不施农药，种出来的生态稻米完全达到天然无公害标准。稻田养殖沟里龙虾也是个体肥壮，绿色纯天然，深受消费者喜爱。

4. 稻鳝共生

稻田土质松软，溶氧充足，水温适宜，营养盐类丰富，为黄鳝的生长提供了许多有利的条件。松软的土质给黄鳝的生活提供了方便，这种土质也有利于饵料生物的生长，稻田中的磷、钙、钾等营养盐比池塘和湖泊丰富得多，丰富的营养盐类是黄鳝生长育肥必不可少的物质条件。稻田中存在大量的水生生物，这些水生生物绝大部分是黄鳝喜食的饲料，并且动植物有一定的搭配，能较好地满足黄鳝对动植物饲料的不同需要。

黄鳝的摄食、运动等行为有利于稻谷的生长。一是黄鳝摄食稻谷害虫，保证稻谷产量，减少除虫费用。水稻种植中的害虫一般要经过水体生活后再危害稻禾的茎叶，黄鳝可摄取浮尘子、叶蝉、卷叶虫和稻螟岭等水稻害虫。摇蚊幼虫、蜻蜓幼虫、龙虱幼虫、红娘华等都是黄鳝的摄食对象。黄鳝还可以消灭禾稻茎、叶、穗上的害虫，减轻其对稻谷的危害。二是黄鳝的爬行运动和摄取底栖动物的行为能起到松动田泥的作用，减少农田中耕的用工。稻田中有一些水生生物生活在浅泥中，也有一些生活在泥表面。黄鳝摄食行为客观上可使泥土松软通气，有利于肥料的分解和土壤的通透性，从而促进稻禾分蘖和根系发育。三是黄鳝能为稻谷生长起保肥和施肥的作用。保肥是指黄鳝摄食底栖动物，这些生物的生长不同程度地消耗水田的肥料养分，因而在减少了耗肥因子的同时起到了保肥的作用。施肥是指黄鳝排泄的粪便含有丰富的氮、磷、钙等营养成分，是稻田优质的肥料。

（四）多样物种繁衍生息

1. 农业生物多样性

德清县境内农耕历史悠久，作物品种繁多。据清乾隆《武康县志》载："稻、黍、稷、稞、粟、麦、麻、豆，各色诸种，凡浙中所产者皆全。"据1990年《德清县志》记载，全县农作物共有28科75属92种300多个品种。其中粮食作物5科11属12种；油料作物主要为油菜，分甘蓝型和白菜型两种。粮食作物有水稻、大麦、小麦、番薯、玉米、黄豆、蚕豆等，以水稻为主，大小麦次之。据县农业局统计，新中国成立后曾大面积推广应用的稻、麦品种有113个；豆

水稻种植（王斌／提供）

类、薯类仍以传统的农家品种为主。水稻按类型可分籼、粳、糯；按生长季节可分早、中、晚；按生育期可分早、中、迟熟3种。

"苏湖熟，天下足"，是宋代湖州农业在全国地位的写照。由于可耕土地的辟垦，水利的进一步兴修，稻麦两熟制的推广，农业技术水平的提高，宋代湖州粮食生产有了质的飞跃，成为了名副其实的"粮仓"。两宋时期，湖州农业发展的一大亮点就是占城稻的引进和改良。据明崇祯《乌程县志》在提及占城稻时说："早稻即占城稻，自宋真宗取于福建者，湖人因有占米之称，名曰早稻。"后经改良，使其能适应各种水土气候而成为不同品种，太湖流域的六十日稻、赤谷稻、金钗糯等都是占城稻的改良种，六十日稻又名早占城。到南宋时，占城稻的种植已很普遍。当时湖州水稻品种，据嘉泰吴兴志载，水稻中"占城稻"，已演化出许多早熟和早中熟的籼稻品种。粳稻（糯）中，不仅出现更多优质米、香米、宜酒米品种，而且提高了适宜于稻麦二熟栽培的中、晚熟品种的比例。明清时期湖州地区水稻品种发展极快，而且品种的类型也十分丰富，早稻、晚稻都有不同程度的发展。早稻一般种在山区较多，主要是山区暖得迟，寒得早，生长期短，难于种植生长期长的晚粳稻。在平原地区亦有种早稻的，但因产量不高，所种为数不多，主要是为了解决青黄不接的缺口而种的。但总体上晚稻多于早稻，一是因为晚稻的产量和品质都高于和好于早稻；二是因为明清以来江南饮酒之风盛行，所以糯稻品种增多。明万历《湖州府志》所载的20个水稻品种，糯稻占7个。明弘治《湖州府志》载糯稻品牌有：胭脂糯稻、马鬃糯稻、懒晒糯稻、乌香糯稻、铁梗糯稻、赶陈糯稻、泥里变糯稻。万历《武康县志》在18个水稻品种中，糯稻占7个。同治《长兴县志》卷十七《物产》"糯之属"载："乌香糯、珠子糯、赶陈糯、白糯、矮脚糯、戚塘青等品种。"道光《武康县志》卷五《物产》载："大黄稻、小黄稻、中秋稻、矫赤稻、山白稻、赤谷稻（以上皆籼米，性少硬，早熟，其谷可蒸、可炒)。晚白稻、乌稻、红稑晚稻、金裹银稻（以上皆晚米，性少柔，迟熟，可为冬舂)。赤糯、湖西糯、长鬃糯、栗壳糯、胭脂糯、铁梗糯、菊花糯、乌香糯、懒晒糯（糯米必晒始变，此则不晒而自变)。"

2. 森林生物多样性

德清县处于浙西北低山丘陵区与浙北平原区边缘，地势西高东低，属于北亚热带东亚季风盛行区，常年气候特征为四季分明，光照充足，雨量充沛，温和湿润。德清得天独厚的自然条件，成为很多野生动植物繁衍生息的首选之地，同时也保存了600余株的古树名木。据初步调查，德清全县共有种子植物173科673属1 236种，高等植物有500余种，其中国家级保护植物有南方红豆杉、银杏、榧树、榉树、野荞麦、野生大豆、鹅掌楸、凹叶厚朴、天目木姜子、香果树、野大豆、花榈木、黄皮树等。已发现野生动物有7大类1 492种，其中常见哺乳类16个科40余种；常见鸟类27个科60余种；常见爬行类10个科24种；常见两栖类7个科10余种；常见鱼类15科84种。县内已知的国家一级保护动物2种，分别为朱鹮、白颈长尾雉；国家二级保护动物11种，穿山甲、河麂、鬣羚、水獭、鸳鸯、苍鹰、鸢、雀鹰、猴面鹰、长耳鸮等。省重点保护动物12种，分别为山獾、中杜鹃、灰喜鹊、戴菊、黑眉锦蛇、滑鼠蛇、五步蛇、大树蛙、白鹭、夜鹭、红背伯劳、棕背伯劳。

朱鹮（德清县农业农村局／提供）

　　根据2002年调查，全县古树名木共有628株，含26科41属45种，属于一级保护（500年以上）的有45株，二级保护（300～499年）的有76株，三级保护（100～299年）的有507株，名木1株。古树树种以香樟、榉树、银杏、榔榆为多。德清县古树名木的质量，总体上普遍较好，未见严重的破坏情况。德清县的古树一般以古寺道观的神灵树，坟山古墓前的祖宗树，村口大道旁的风水树和名山景区的观赏树为主。坐落于德清县南路乡碧坞村的碧坞龙潭是国家一级保护树种"南方红豆杉"在浙北唯一的集中生长地，有17棵古树，其中最大的一棵树高19.50米，胸径1.15米，堪称"红豆杉之王"。

　　德清县植被类型属中亚热带常绿阔叶林北部亚热地带，青冈、苦槠栽培植被区。除农作物外，主要有次生草本植物、竹类植物、木本植物及人工栽培的用材林、经济林和四旁树木等。植被覆盖面积70%以上，分3个植被区。

　　低山丘陵竹、木、灌、草复合林区。在海拔500米以上的低山地带，林下植被有高2米左右的禾本科芒草类、野竹类和灌木丛，地被物有苔藓、地衣及蕨类等，乔木层有松树、毛竹、硬阔；在海拔150～500米的山坡与高丘、岗地，植被有以毛竹为主的竹类植物，以壳斗科青冈、苦槠为主的次生常绿阔叶林，以马尾松为主的针叶林。此外，还有针、阔混交林，灌丛和灌草丛，以及人工栽培的松林、杉木林、金钱松林、茶叶林。竹子除毛竹外，主要是淡竹、石竹等。树

红豆杉之王（德清县农业农村局／提供）

种有水青冈、青冈栎、大叶青冈、苦槠、甜槠、紫楠、枰木、化香等40余科600余种。地被物以禾本科及蕨类植物为主，有白茅、野古草、芒草、狗脊、毛蕨、石松、地衣、苔藓等。在海拔50~150米的低丘缓坡，由于多次进行低产林改造，次生林减少，人工林增加。原有的次生杉木林和马尾松林大都已被砍伐利用，被人工栽培的早园竹、水果、板栗、茶叶所代替。

平原人工栽培植被区。分布在海拔2~10米的平原地带，由于长期轮番耕作，原生植被大部分已被破坏或更替。现有植被以人工栽培的农作物及经济果木、绿化苗木、四旁树木为主，近年来路旁、水渠边遍栽水杉、香樟、银杏、湿地松、杜英、无患子等作为农田防护林、护路林。东部平原水网地区，农作物以稻、麦、油菜、蚕豆、绿肥为主，经济作物以桑为主。

湿地、滩地、河（湖）岸植被区。下渚湖、苎溪漾、洛舍漾、东苕溪、龙溪等湿地边的水泛地段及湖岸边浅水滩上，有芦苇及天然成长的枫杨、构树和人工栽培的水杉、池杉、桑等护岸林带。

3. 湿地生物多样性

德清县地处杭嘉湖平原水网地带，河港纵横，漾荡密布，多样的地理形态造就了县域境内水生生物资源十分丰富。据不完全统计，境内河流浮游植物有8门55属，浮游动物有75种。底栖动物约有26种，以螺、蚬为主要优势种。水生维管束植物19种，以芦苇、苦草、眼子菜为主要优势种。鱼类共有42种，隶属于7目13科36属，以鲤科鱼类最多，占总数64.29%；其次为鲈形目和鲇形目，主要分布于漾荡、江河、池塘和水库中。

自然外河水体中复杂多变的环境、较丰富的饵料生物，孕育了多样复杂的鱼类组成，有食植物性鱼类、食动物性鱼类，还有不少杂食性鱼类。主要经济鱼类有以浮游植物为主食的鲢鱼，以着生藻类为主食的银鲴、似鳊，以腐屑为主食的黄尾密鲴、圆吻鲴，以浮游动物为主食的鳙鱼、银鱼，以软体动物为主食的青鱼，以草食性为主的草鱼、三角鲂，以水生昆虫和虾为主食的鲍鱼、黄鳝，以鱼、虾为主食的鳡鱼、鲌鱼、鳜鱼、鲶鱼、鲈鱼、乌鳢，杂食性的有鲫鱼、鲤鱼、颌须鮈类等。

河蚌在动物分类学中属软体动物门瓣鳃纲真瓣鳃目蚌科。河蚌因具有两侧对称的两个外套膜和两个贝壳故名双壳类。目前据世界各国文献记载共有1 000多种淡水蚌，在我国的江河、湖泊、沟渠、

四大家鱼

在唐代以前，鲤鱼是最为广泛养殖的淡水鱼类。但是因为唐皇室姓李，所以鲤鱼的养殖、捕捞、销售均被禁止。渔业者只得从事其他品种的生产，这就产生了青鱼、草鱼、鲢鱼、鳙鱼四大家鱼，它们都属鱼纲，鲤科。青鱼在水域底层栖息，主食螺蛳、蚌等软体动物和水生昆虫。草鱼喜在水域边缘地带活动，以水草为食。鲢鱼栖息于水中上层，主食浮游植物。鳙鱼也喜欢在水中上层活动，以浮游动物为主食。这4种鱼由于食性和栖息习性不同，很适合混养在一个池塘里，能充分利用天然饵料和水域空间，养殖效益更大，因而成为我国传统性的养殖鱼类。在北宋时四大家鱼继续发展到更广泛的区域养殖，在长江、珠江的养殖逐渐兴盛起来。根据周密（1232—1298年）《癸辛杂志》记载，四大家鱼鱼苗的捕获、运输、筛选、贩卖已经达到专业化程度。而且，宋代产生了四大家鱼混养技术，并迅速普及。混养技术不但充分利用了养殖资源，而且丰富了鱼户的产品结构，降低了生产的风险。直到今天，这4种鱼仍然是我国淡水养鱼的主体鱼。因为它们是人工养殖的鱼类，故称为"四大家鱼"。

池塘中，亦有着丰富的河蚌资源，已经发现的蚌科共有15属140余种。德清水域面积广阔，水质优良，适合淡水蚌生长繁殖，自古便是珍珠养殖的重要地区。由于大部分双壳类的贝壳珍珠层薄、光泽差，所产珍珠品质低劣或因施术困难而没有利用价值，能用作育珠的种类较少，只有10余种。目前生产上用得最广泛、养殖珍珠价值最大的是三角帆蚌和褶纹冠蚌，这两种河蚌，资源丰富，施术容易，珍珠产量高，质量好。

三角帆蚌属蚌科，帆蚌属，是我国的特有品种，又名"翼蚌""劈蚌"。壳大而扁平，壳质较厚，坚硬。壳后背缘向上突起，呈三角形状，故名。壳面黄褐色、壳顶部生长轮脉粗糙。壳内面珍珠层呈乳白色或紫色。壳体扁平，开壳宽度大，有利于育珠手术操作。斧足运动能力小，对插核、插片的敏感性小，因此排核、排片行为不强，固核率和固片率均很高。三角帆蚌的细胞小片离体存活时间较长，具有很强的"嗜核性"，因此不但移植成活率很高，而且增生成囊（珍珠囊）的速度快，多产优质珍珠。三角帆蚌在我国蕴藏量很大，全国各地的大型淡水湖荡，甚至水库均有分布。但自然产卵繁殖，仅限于具有交换性的大水体生态条件下才能进行。闭锁性水域的人工增殖，必须借助人工繁殖仔蚌苗，然后投放蚌苗。仔蚌在闭锁性水域条件下的生长速度依然很迅速。三角帆蚌所产的珍

河蚌标本

三角帆蚌

褶纹冠蚌

珠质量最佳，珠质细腻、光滑、色泽鲜艳、形状较圆，但珍珠生长比较缓慢。

褶纹冠蚌的背缘向上扩展成鸡冠状，具特别明显的皱褶，因而称为褶纹冠蚌。贝壳较薄，壳体较膨突。壳皮层（角质层）带黄色，珍珠层也多带黄色，棱柱层中往往沉积有多种色素形成的色斑。褶纹冠蚌分布广泛，适应性也强，一年能繁殖两次，春季和秋季各一次，每次怀卵量高达数百万粒。褶纹冠蚌培育珍珠，成珠快，珍珠呈长圆形、白色或粉红；植片部位的壳间距大，产量高，但褶纹冠蚌的活动能力强，斧足伸缩活动范围大，所以排片与排核能力亦强；另外，中心部的外套膜很薄，贝壳较膨突，不便手术作业。珍珠分泌细胞虽然分泌力旺盛，但珍珠质粗糙，珠光也不及三角帆蚌的强。褶纹冠蚌分布比三角帆蚌广泛，除南方少数地区外，全国各地湖荡、河沟、池塘均有分布。

五

文化之丰——民俗与节庆

　　德清地形独特、地貌丰富，优势突出、特点明显。山、湖、河、城有机结合，浑然一体的自然景观风貌和几千年的文化内涵相互融合，形成了德清推崇自然、保持朴素、喜欢清新的审美情趣。德清自然环境优越，一直以来少灾难、多物产，人民生活富庶。优越的自然条件，形成了具有个性品质的文化内涵，也孕育了德清聪明、善良、勤劳、崇学、温和、恭谦的人文品格。德清人民在长期的劳动和生活中，形成了丰富多彩、种类繁多的农业文化，流传着众多的传说、民歌、谚语，保存了众多的农业工艺以及乡风民俗，它们深深地根植于民间，代代相传，延续着德清人民朴素的文化传统。

（一）传统民风民俗

1. 岁时节日民俗

　　春节：俗称"过年"，是民间最隆重的传统节日。旧时农历十二月二十三日送灶，下午即取下灶君神马置门前饰有柏枝的竹架上，香烛、供品祭拜后，连棚朝天焚烧，谓"送灶家菩萨上天"。同日或二十四掸尘，同时，采购年货，杀猪宰羊，打年糕等。二十六至二十九，择日用猪头三牲"拜五圣""请利市"；富家挂祖宗"真容"像祭祖，德清东部称"拜老爷"，西部称"拜阿太"，长兴叫"作年饧"。除夕前一天称"小年夜"，贴春联，不准洗衣服，以防湿衣服"过年"。除夕称"大年夜"，阖家聚餐，俗称"吃年夜饭"，雅称"辞年酒"。长辈给十六岁以下晚辈"压岁钿"（亦叫"百岁钱"），年夜饭需有剩饭，以示"年食有余"。从"吃年夜饭"始至春节期间，只准讲吉利话，不准讲凶煞语及与之谐音之语言。除夕深夜，（也有年初一晨）"接灶"，将新的灶君纸马供在神位上。至夜"守岁"，到子时（0时）竞放鞭炮，俗称"接年"或"接天"。农村多在黎明前放"开门爆仗"。正月初一，俗称"大年初一"或"年初一"，雅称"履端""元旦"。妇女起身较迟，称"困蚕花"；大人小孩起床换新衣裤新鞋袜；早餐前吃"开口果子"，后烧"顺风圆"；供灶君、家堂土地后，全家食用。湖州城里还有"走喜神方"之举，出门迎"喜神"，图个全年吉利。城乡间常有善男信女到附近庙里"烧头香"，祈福、许愿。出门拱手称"恭喜发财"。做客，又称"释年"，素有"十二月里理账，正月里理亲"的俗谚，年初一仅限邻闾之间走动，初二始出远门，初五、六前为做客高潮。做客揣礼，主人宴请。首次进门之客，必泡一盅白糖汤，端上来时说声："甜介甜、甜一年。"继而一盅熏豆茶。年初四晚上，市区及各集镇大小店家及部分农户，备猪头三牲、香烛，礼拜接"路台财神"。凡有雇员的店家，雇员进出，均要在此晚揭晓。年初五，俗称"五路（财神）日""开门发财"，较大的店家都在这天正式营业。上述旧俗，新中国成立后大多消亡，有些添了新内容，赋予新含义，20世纪80年代后多有复旧。

元宵：又称"上元节""灯节"。一般是农历正月十三上灯，十八落灯，为期6天。以十五日元宵节为高潮，早晨阖家吃"灯圆"。灯有龙灯、狮子灯、马灯、鱼灯、十样景灯等，家家户户挂彩灯。大村庄一般有传统的灯队，挨村挨户去"调灯"。白天灯队逐户去送"灯帖"，上书某村"青龙吉庆"等，入夜锣鼓在前，灯队在后，依次调去。村里人要送"灯包"供点心。近郊农村有向城里赶会的传统；僻远水乡或山村，也向公认合适的村庄集中"调灯"。夜里，还有吃毛芋艿或熟风菱之俗。妇女偶有"请淘箩娘子"的活动。这天再祭拜一次祖宗三代的"真容"后，将"真容"收藏起来，称作"祭真"。过了元宵节，女眷开始回娘家或外出做客。

清明：旧时为祭祖扫墓的节日，一般有祠祭、墓祭、家祭等形式。祠祭为阖族入祠堂共祭，办社酒，乃至演社戏。新中国成立后，墓祭普遍，家祭次之。一般认为宜早不宜迟，新坟一定要提早两三天。墓祭备馔祭拜，往坟上培土，清除坟边杂草、灌木丛，悬挂飘白纸，新坟则挂飘彩纸。祭品中必有粽子，俗称"清明粽子稳牢牢"。如今新坟通常还供花圈。清明前后，旧时农家多在住房周围理沟修路，与邻居相通联，以防梅雨时节积水。除了扫墓、祭祠，这时节还流行踏青的风俗。清明前后，市民、学生结队外出郊游，俗称"远足""游山"。

立夏：旧时城乡都过，以农村普遍，是儿童的节日，主要活动有烧野锅饭和秤人。烧野锅饭：在野外垒土灶，拾杂柴，捉鱼，任意采蚕豆烧饭煮菜，然后分食之。这天任意采豆，不以为"偷"。此外，立夏日必食豆腐，说是补脑；吃水乌菱，称可避乌蟆虫；山区吃"健脚笋"，称可健步；安吉农村家家做"立夏饼"。这些都针对儿童的。秤人：幼儿放在箩筐等盛器内，并加放几颗小石子，称为"石寿"。立夏日还忌坐户槛。立夏诸风今稍简化。

端午：农历五月初五，又称端阳、重五、天中节。旧时家家户户门上张贴五毒符，中堂悬挂钟馗像。门口悬菖蒲、艾叶、柳枝条，认为可驱鬼邪；室内多以艾叶、野蓬蒿熏烧。城乡大户有喷雄黄酒，炭盆上撒芸香、百芷、苍术等，熏驱蚊蝇、蛇蝎。这一天城乡午餐食咸鸭蛋、黄鳝、黄鱼、蒜苗。成人饮雄黄酒；儿童以雄黄蘸酒点眉心，吃雄黄炒蚕豆，穿虎头帽、佩雄黄香袋；同时家家户户裹粽子及组织划龙船活动。今雄黄（有毒）已废，贴五毒符等也已废，其余习俗尚存。

中元：农历七月十五日，俗称"鬼节"或"放小鬼节"。旧时城镇僧家到了晚上临街做道场、置盂兰盆、放焰口；乡村则念佛，施食（送野羹饭），水乡放河灯，称为"照冥"，意即超度野鬼。同时，不论城乡，和尚挨家挨户送"规纸"，上有佛符，并有写着先考妣至太祖父母的姓名，祭祖后与纸锭、锡箔同时焚化。此俗新中国成立后废，80年代后，农村中又有所恢复。

中秋：农历八月十五日，系亲人团聚之节，故也称"团圆节"。晚餐酒肴丰盛，阖家欢宴。富家有焚香、祭月之举。一般家庭多吃月饼与菱、藕，共同赏月。农家夜饭多食芋艿，孩童置镜或面盆盛水以映射明月，叫做看"月华"。节前或节日，晚辈向长辈以及亲戚爱友馈赠月饼，其中寄子女必向寄父母送节礼。今此俗尚存。

重阳：农历九月初九，又称"重九"。重阳要登高，又曰"登高节"。旧时，湖州人游毗山、岘山、道场山等，长兴人登雉山、清明山，德清人登乾元（吴羌）山，武康人登城山、塔山等，含山附近登含山。市场上出售栗糕（"糕"与"高"同音）。乡村妇女采集野菊花晒干做菊芯枕，并选留部分泡茶。此俗城镇知识界较重视。今身体健康的离退休干部，常有组织地或自发结伴去登高。

冬至：俗称"亚岁"，并有"冬至大似年"之说。冬至前夕，俗称"冬至夜"。老人和孩子要早睡。冬至备馔祭祖。此前此后三日，浮厝（未埋之棺围砌砖瓦）、"接骨殖"入甏（俗称"捡黄金"）、迁葬或加高墓堆。

2. 生产生活习俗

(1) 生产

插秧：每年第一次插秧谓"开秧门"，结束插秧称"关秧门"。开秧门那天，挑第一担秧下田前，必先喊一声"老田公！"插第一株秧必倒插，然后拔起再顺插，说可避秧痂疯。"打秧"（抛秧）不能打中别人，因"秧""殃"同音犯忌。如果插秧当天完不成，秧界棒应拔起平放在田里。插剩秧苗，应成把插在田边，不能乱丢。关秧门那天晚餐丰盛，收工比平时早，天晴则应在日落之前。新中国成立后，此俗逐渐淡化。

养鱼：旧俗以祈祷鱼塘平安，保佑丰产为主。养鱼户购买鱼种时，先祭龙神。船头上贴大红元宝、顺风大吉等吉利语。鱼花接到后，逢桥过庙讲几句祈祝语，以求旺发。在放鱼秧前要请"财神"，点香烛祈祷；请人用划楫等工具把池水搅浑，称"越浑越发"。中秋节要拜"塘头五圣"，供猪头三牲，点香烛祭祀。夏末秋初，鱼病旺发，须祭塘。捕获鲜鱼时，如请专业者围捕，则除付工资、请吃饭外，另应馈赠两条大鱼，同时，应邀请邻里亲友吃"鱼汤饭"。集体化时，以小队每户出一男主人吃"鱼汤饭"。

饲养湖羊：旧时，一般农家小羊出棚，就要请"棚头五圣"，在羊棚柱或棚栏上缚上一张"五圣纸马"（一种木刻印刷的神像，一般用红绿黑三套色，上有"六畜五圣"字样）。祭祀时，一般用猪脚爪、白煮鸡蛋一大盆，放在筛子内，筛子放在方凳上，就在棚头纸前装香、点烛，主人临近作揖，烛尽收去。如果羊犯了病，亦要请"棚头五圣"。殷富户过年时要专门祀棚。祭品中加一尾鲤鱼和鲫鱼，上贴颠角的小红纸，放在盘（或盆）内。年初五，还要接"畜牧五圣"。

砍竹：旧时大批砍竹的前一天，包头须摆"开山酒"祭山神土地。祭品为三荤（猪头、鱼、蛋）、三素（豆腐、青菜、萝卜）。既是祈求山神保佑，又是对砍工的动员。从祭山神以后，上山砍竹不能随便讲话，天天如此，直到砍完为止。两人在山上呼唤，都只能以"哦……哦……"之声应答，或用刀柄敲敲毛竹，不能互叫姓名。若有人说了话，叫了人，出现了事故，死人则由此人摆豆腐饭，伤则负责医治；如果遵守了还出事故，认为是祭山神不诚，必须重祭。新中国成立后此风渐止，但"哦……哦……"互答之类习俗尚在，称作"打哦呼"。

放筏：旧时山区毛竹、山竹外运，公路不通，主要靠溪涧作坎屯水，将竹扎成筏，开坝后竹筏顺流飘浮而出，叫做"放筏"。一般30帖一筏，每帖重约250千克；也有双筏60帖的。放筏之人，必须穿好山袜（新中国成立后青年人兴穿解放鞋），束好腰带，带上撑筏刀（比柴刀大、长，插在腰后木雕的刀壳子里），用以抢险时砍蔑索，修筏时剖蔑等。一张筏主要司职三人：站筏头的筏头师傅，是全筏的总指挥；站中间的是把舵师傅，操纵舵竹；站筏尾的叫吊筏师傅，在途中停靠休息时，用粗大的蔑索把筏吊在岸边大树上。放筏一年两季，上半年叫"杨梅红"，批量较小；下半年叫"白露筏"，是旺季阶段。

橹板尾巴：在捕捉鱼类时，凡发现橹板尾巴的鱼，无论鳅、鳗等无鳞鱼，还是鲤、鲫等有鳞鱼，都要放生。据说橹板尾巴是水怪变的，吃了必死无疑。

逆鳞鱼： 鱼鳞逆向而生，据说是龙的化身。近百年内，徐家庄北圩郎捕到逆鳞鱼一条，因为鳞甲硬，所以用砍刀、锄头刮鳞，煮后全村吃碰东。食后，整个村遭遇龙卷风大灾，仅两户幸免。所以口碑传承，戒勉后人。

踏险塘： 清明期间，位于东苕溪的西险大塘上菩萨行香，附近村上的群众都去踏险塘。先由城南十八村在塘堤缺口上加土，然后由赛社队伍缓缓通过，并在清溪庙连演三天三夜白戏。塘上松土由人们踩紧，以防洪峰。

（2）出行

初一、十五不出门： 新安一带，每月初一、十五，小孩子都不准出门，传说小孩子这两天出门会生病。

不站在桥上： 雷甸一带流行妇女出门时，不要任意站在桥中央。否则，从桥下驶过的船舶会晦气。

行船风俗： 钟管、洛舍一带，小孩子第一次上船出门，必定要在落水的木桨上取一点水让小孩吃下，据说可以防止晕船。船上岸修理、刚下水或新制船刚下水，必定要在船头的舱板上舀一些水，口中念顺风大吉，祈求航运平安。新安一带，凡初次出门或出远门，必须携带盐、土、水。带盐是为了能与当地人结缘，带土和水同当地的土和水混合后，就会避免水土不服的情况。行船途中，白鲢鱼跳进船舱，认为并非吉事，必须放生解晦。

新船初航风俗： 船为水乡主要交通工具，打造船只先要挑一个好日子定弦（挑的好日子必须和主人的生辰八字相符），也就是确立船底中心板，木匠用墨斗在船底中心板上面弹上一条墨线，以后无论是造船过程中还是抹桐油或修理，这块板的墨线都不能动它。墨线不能弄掉，是因为看了好日子，出去行船不会出事。即使有事，只要睡在定弦板（也叫定心板）上就不会着煞气等污秽物。定弦后才开始正式造船。造好船后，船只下水时要至亲家（一般是媳妇娘家或出嫁的女儿家）来拜利市，要用长盘装上猪头、一对鲤鱼、圆子、方糕，每件东西都要贴上红纸，插上柏树枝。拜利市时要放鞭炮，同时在船尾上挂上万年青，船头上缚上红绸带或红丝绵。第一次开船到娘家（或到其他亲家）做客，娘家要买鞭炮、包子、水果等给女儿，再加上红包。并在船上抛上一些铜钿，并一定要顺治铜钿。船只回家时要放鞭炮和爆竹，表示日后一路平安。

（3）饮食

湖州地区有着几千年的淡水鱼养殖历史，是我国淡水鱼养殖最兴旺、技术最领先的地区之一，早在 1 200 多年前的大唐时期，诗人张志和隐居湖州时，就被这里美味的鳜鱼所吸引，感叹之余，写下了诗人一生中最有名的《渔歌子》："西塞山前白鹭飞，桃花流水鳜鱼肥。青箬笠，绿蓑衣，斜风细雨不须归。"鱼，无疑是湖州人餐桌上的佳肴。湖州人吃鱼讲究时令、滋补等。正月里的鲹鲅和二月里的肉鲥鳊，最为肥美可口。此时水清，鱼儿没有土腥气。俗谚"小暑黄鳝赛人参"，又称鳗鲡为"水人参"。民间以为乌龟壮阳，甲鱼滋阴。"鲫鱼头，四两油"，鲫鱼能催奶，炖汤给产妇吃最佳。湖州人吃鱼手法多样，有蒸、炒、溜、划、煎、炸等，还能做成鱼圆、鱼柳、鱼丝、鱼片、鱼卷、鱼丁、鱼块等花样。

银鱼、白鱼、白虾，是著名的"太湖三白"。银鱼炒蛋，白玉嵌黄金，色香味齐全。

土鲈，又称步鱼。"春笋步鱼"是有名的杭帮菜。湖州人喜欢用土鲈炖蛋。

"逆鱼"是一种只有三四寸长的小鱼，形状跟餐鲦鱼相类似。每到黄梅季节，逆鱼从太湖溯东苕溪逆流而上，游到德清转水弯唐泾一带水域产卵，由此得名逆鱼。油煎逆鱼，肥美鲜嫩，是很好的下酒菜。

"弯转"是湖州方言，其实就是河虾。传说在明朝年间，湖州来了一位姓劳的知府，江西德化人。新知府到任，乌程、归安两位知县设宴为他接风洗尘。酒席上众多河鲜中，劳知府对"油爆虾"情有独钟。几天后，劳知府又想吃河虾了，偏偏忘记了这东西叫什么。情急之下，他对从江西带来的随从说："那天两位知县在接风酒席上请我吃的那个像手指那么大小，弯转来的叫什么来着？"随从也说不上这是什么东西，赶紧去请教绍兴师爷。那师爷一听，自然知道知府说的是河虾。于是，劳知府的餐桌上三天两头有"油爆虾"。从此，"弯转"一词，便成了河虾的代名词，一直延续使用至今。

唐宋时，湖州人切的"鱼脍"，即生鱼片，细如丝、薄如蝉翼，光刀法就有五六种，并出了许多操刀的著名脍匠。苏轼任杭州知府时就心仪湖州的鱼脍。当湖州知州孙觉邀请他来游玩时，他就在《将之湖州戏赠莘老》中写了"吴儿鲙缕薄欲飞"，表达了其即将吃到湖州鱼脍的喜悦之情。与苏轼同时代的司马光，也在《送莘伯镇知湖州》赞美了湖州的莼菜和鱼鲜："江外饶佳郡，吴兴天下稀。莼羹紫丝滑，鲈鳜雪花肥。"相传清乾隆皇帝沿运河路过湖州，仰慕湖州荻港的"烂糊鳝丝"，特地派员到荻港钦办此菜。菜到，盆中凹潭熟油沸腾，五油三辣，色香味俱佳，乾隆龙颜大悦，"烂糊鳝丝"从此被列为宫廷菜肴。可见，湖州不少菜还是宫廷御用菜，这也为湖州的美食增加了光彩的一笔。改革开放以来，湖州厨师通力合作，精心研制了"百鱼宴"，用鱼烹饪出500多道菜来，名扬海内外。

3. 谚语歌谣

（1）天气谚语

鲎高日头低，晒煞老雄鸡。

小暑一声雷，黄梅倒转回。

早西夜东风，日日好天空。

春雾雨，夏雾热，秋雾凉风，冬雾雪。

清明断雪，谷雨断霜。

春霜勿露白，露白要赤脚。

吃了端午粽，寒衣不可送。

水缸出汗蛤蟆叫，不久将有大雨到。

天上钩钩云，地上雨淋淋。

雨后生东风，未来雨更凶。

雷轰天边，大雨连天。

白露身勿露，赤膊当猪猡。

蚂蚁挡道，大雨即到。蚂蚁搬家，大雨要下。

骨节发痛，不雨即风。早上疮疤痒，晚上大风响。

春打六九头，种田不用愁。

雨打秋头，晒煞鳝头。

朝也愁，夜也愁，愁到难过八月廿四五更头。

有雨无雨勿要愁，单怕八月廿四五更头。

重阳无雨一冬晴。

（2）农事谚语

夏至杨梅满山红，小暑杨梅要出虫。

麦怕清明连夜雨，稻怕寒露一朝霜。

三月清明蚕等叶，二月清明叶等蚕。

山上绿油油，致富不用愁。

千枝松，万株桐，一生一世吃不穷。

浑天倒地，落雨削地。

久晴大雾必阴，久雨大雾必晴。

田里多管，仓里谷满。

不冷不热，五谷不结。

杨柳青，粪如金。

处暑一场雨，砻糠变白米。

寒露无青稻，霜降一齐倒。

头八晴，好年成，二八晴，好下耘，三八晴，好收成。

春甲子落雨，蚕无食。夏甲子落雨，人无食。秋甲子落雨，羊无食。冬甲子落雨，鸟无食。

（3）吃鱼谚语

正月螺蛳二月蚬。

三月河蚌四月虾。

六月鳎，抵只鸭。

八鳗九蟹十鲚鲅。

九雌十雄，只只有用。

九月雌蟹黄满，十月雄蟹油罐。

桂花鳜鱼夹水蒸。

秋风起，蟹正肥。

西风响，蟹脚痒，蟹立冬，影无踪。

桃花白蚬菜花蛏。

桂花海蜇白露鳗。

小暑黄鳝赛人参。

白露鳗鲡霜降蟹。

（4）生意歌

一本方利开典当，

二龙抢珠珠宝商，

三（山）珍海味南货店，

四季发财山货行，

五颜六色绸缎店，

六升拱斗大米行，

七星倒挂箍桶铺，

八字墙门开茶坊，

九巧玲珑江西碗，

十字街口开药坊。

（二）传统节庆活动

1. 防风文化节

防风文化节是为纪念防风氏而举行的民间活动。古时，每年阴历八月二十五，人们聚集在防风祠祭祀防风氏，包括读祭文、奏防风古乐、跳防风舞等内容，规模宏大。清代时，县官带领乡民祭祀防风，参加防风节活动。防风文化节为防风古文化的重要内容之一。防风祠背依防风山，始建于晋元康初年（公元291年），吴越钱镠时扩建，称为风山灵德王庙，并立碑纪念。清代防风祠再次重建，后毁于"文革"时期，现大殿为1996—1997年重建。

在德清县城武康东南约10千米的下渚湖畔，有防风古国遗址。据考证，防风古国区域范围方圆百里，包括德清、安吉、长兴三县，还有江苏吴江县和余杭的彭公、瓶窑、良渚一带。德清县三合乡的封山与禹山之间是防风古国的中心区域，也是越国的始封之地，是防风古国的国都。《史记》中引用孔子的话说："汪罔（茫）氏之君，守封、禹之山。"《寰宇记》载："古防风氏曾居此山。"南朝宋时期，山谦之的《吴兴记》中有"吴兴西有风渚山，一曰风山，有风公庙，古防风国也"的记载。

相传，防风古国建于 4 000 多年前，是越人建立的部落国家。防风氏在德清一带治水，带领当地百姓疏浚了湘溪、英溪、阜溪、塘泾河，开凿了下渚湖通东苕溪的河道，使千河百港之水流归太湖，封山周围几百里地区受益。同时，防风氏还教人们种植水稻，过上了定居的农耕生活。后来，夏禹凭借治水有功，被舜选为接班人，担任了部落联盟领袖。

据记载，防风氏最后被夏禹所杀，原因是夏禹治水成功后，召集天下各路诸侯在会稽山开庆功大会，庆功大会召开后，却还没有看到防风氏的踪影，直到庆功会快结束时，防风氏才赶到，于是夏禹很生气，下令斩杀了防风氏。而防风迟到的原因，则令人唏嘘：传说当防风氏想要赶去开会的时候，突然苕溪发了洪水。防风氏考虑，帮老百姓治洪水比开会重要，所以防风氏指挥部下打捞落水的百姓，忙得饭也顾不上吃，最后耽误了会期。《国语·鲁语下》有"昔禹致群神于会稽之山，防风氏后至，禹杀而戮之……"的记载。防风死后，白血冲天，以示其冤。事后，禹派人查访，得知真相后，后悔得流下了眼泪，敕封防风为王。

夏禹斩杀防风氏的消息传到了防风古国部落，防风国的乡民举行了隆重的祭祀，表达他们的悲痛与愤怒。这时防风收养的五个孤女疯狂地跳起了舞蹈，四周的乡民也随之舞动，一时间地动山摇，举国哀悼。从此以后，每逢春、秋两季，武康封山防风庙都要举行祭祀仪式。

另外还有一种传说：远古中国号称"万国"，武康、良渚这一带都是"汪芒国"的范围，防风氏是汪芒国君。夏禹属于黄帝后裔，而防风氏为炎帝后裔，夏禹总觉得防风氏对他不信服，为了铲除异己，所以借开会迟到这个理由斩杀了防风氏。

四千多年来，德清当地留下了许多防风氏的传说。历史上有段时间，防风族人的活动突然消失了，据说防风族人四处离散了，有的北上，有的向安徽那边转移，本地就没有防风族人了。为什么他们要离散呢？传说是因为一些政治问题，夏禹要迫害防风族人，所以他们都逐渐逃离了，防风氏族人到了安徽那边，改名换姓，取"汪芒"音，改姓"汪"，据说现在安徽"汪"姓就是防风的后代。

如今，防风古国的文化遗迹已很难寻找，依稀残存的主要有：一是一块千年古碑，古碑由吴越王钱镠所立，记载了防风氏的功绩；二是防风祠；三是当地村民的祭祀传统；四是有关防风神舞的一些记载。西晋元康元年（291年），武康县令贺循在防风山麓建造防风祠，但其庙甚小；据记载，吴越王钱镠早年从军时路过防风山，曾进庙祭拜，但见庙甚小，当时许愿诉求防风保佑，日后若成就事业，必重建庙宇。后来钱镠果真封王，还愿时重建此庙，并命名为"风山灵德王庙"，还立了一块石碑。这石碑至今还在防风祠里，竖于一巨大石龟上，上有《新建风山灵德王庙记》。碑高262厘米，宽88厘米，厚25厘米，是省内保存下来的少有的古碑，不仅是研究防风氏的珍贵史料，也是研究钱镠生平的原始资料。

灵德王庙即防风祠，1947年防风祠曾焚于大火，后乡人募资重修。"文化大革命"时又被拆毁。1997年，又在原地重建。如今，新建的防风祠里有一副长联："五千年藩分虞夏，矢志靡陀，追思洪水龙蛇，捍患到今留圣泽；一百里壤守封禺，功垂不朽，试看崇祠俎豆，酬庸终古沐神庥。"长联简要概括了防风氏立国安民、兴修水利、发展农业的丰功伟绩和历代官民祭祀防风的盛况。

防风古国文化园

防风古国文化园景区位于德清县三合乡境内，紧邻下渚湖。该景区占地300亩，分为六合广场、竹林迷径、防风先民生活区、手工艺生产区、防风祭

防风古文化园（德清县农业农村局／提供）

祀文化区、宗教文化区6个功能区，共设置19个自然景点和一定数量的防风先民生产、生活表演和体验项目。景区融防风文化、自然景观、宗教文化为一体，以"原始、古朴、神秘"为特色，展示4 000多年前防风部落政治、军事、文化、生产、生活等各方面内容，可使游客在游览过程中领略和探寻古老的中华文明。景区为国内首家情景式遗址型旅游景区，是目前国内博物馆式景区的创新和补充。"地裂防风国，天开下渚湖"。防风古国文化园与江南大湿地下渚湖遥相呼应，是长三角旅游胜地之一。

今天，人们走进防风文化园，登上封山，还可看到封公石窟、乾峰耸翠、奇松待鹤、百丈深渊、潘老仙踪等与防风传说有关的景点。封公石窟位于封山观音岭上，古人对石窟有"岩窦轩豁，高可三、四丈，如堂皇然"的描述；道光年间《武康县志》记载"洞中广容百席"；清洪昇《封公洞》诗云："松崖未及岭，石洞忽旁穿。泉滴四时雨，云通一线天。虫蛇盘土室，蝙蝠避炉烟。最是山僧静，袈裟正坐禅。"相传，石窟是防风氏曾经居住的地方，若真如此，那德清就有了一处人类穴居的遗迹。但更多的人推测那是开采石料留下的。

虽然这两种说法都无具体史料佐证，但那里曾是防风古国，确实是有史籍记载的。清道光《武康县志》也引《吴兴续志》，有"武康旧为上县，本《禹贡》扬州之域，盖古防风国也"的记载。《禹贡》是我国最早的一部经济地理著作，大禹时定天下为九州，德清属扬州，有防风古国。

2. 蚕花庙会

蚕花庙会在浙江新市民间又称轧蚕花，与含山蚕花节的轧蚕花相仿，是融民间艺术、宗教信仰、物资交流、文化娱乐为一体的民俗文化活动。传说是新市镇当地蚕农为纪念西施，祭拜"蚕神"，祈祷蚕桑丰收，在清明时节自发聚集形成的民间传统庆祝活动。每年清明，蚕农们祈求蚕神为蚕宝宝清病祛灾赐给丰产年而举行蚕花庙会。每年这天新市镇邻近县镇的蚕农，都涌到古刹觉海寺、司前街、寺前弄、胭脂弄、北街一带，佛教信徒往灵前山拜佛，祈祷"五谷丰登"，农村妇女怀装蚕种，头插各式蚕花，引得人们前来观看，人山人海，你轧我轧，故曰"轧蚕花"，庙会结束后人们就开始春耕育蚕。养蚕缫丝自古以来就是德清县新市镇当地蚕农赖以生存的主要经济来源。为祈求蚕茧收成好，蚕农养成在养蚕之时祭拜"蚕神"和"蚕花娘娘"的习俗。久而久之，每年的清明节前后就形成了到觉海寺祭祀的蚕花庙会活动。

德清县新市镇的蚕花庙会源自春秋战国时期，相传，范蠡于越都会稽（今绍兴）送越国美女西施去姑苏。途经新市，遇到十二位美丽多姿的采桑姑娘，围在西施桥前翩翩起舞。西施姑娘手托花篮，把绚丽多彩的绢花分赠给采桑姑娘，以祈佑蚕桑丰收，年年风调雨顺。从此，西施给养蚕的姑娘嫂子送鲜花这个美丽古老的故事，就在新市四乡广为流传。方圆百里的当地蚕农为纪念西施，祈祷蚕桑丰收，每到清明时节，人们自发相聚举办盛大的蚕花庙会。唐朝及宋朝以来，新市蚕花庙会在江南古刹觉海寺蚕神殿举办，当时亦属自发，时间在清明时节。由于历史的缘故，蚕花庙会在新中国成立后曾一度停办。直到1999年清明，中断63年的新市蚕花庙会重新恢复，一顶花轿引来4万多人"狂欢"。

蚕花庙会（德清县文广新局／提供）

　　从此，传统的蚕花庙会被赋予了新的内涵。每年清明节，狂欢的人们一边观看蚕花娘娘、蚕花仙子的巡游表演；一边参与民间自发的社区文化活动，游千年古刹觉海寺、祈祷蚕花廿四分（丰收的意思）。政府也组织经贸洽谈会，开展招商引资。同时，外地一些民间艺人也迅速行动起来，纷纷前来登台表演，使这古老的民俗文化更添欢乐气氛。

3. 乾元龙灯会

　　乾元镇即德清县原城关镇，地处德清县中部，自唐天授二年（691年）析武康地置县起至1994年，作为德清县的政治、经济和文化中心长达1 300多年，是杭嘉湖地区水稻、蚕桑的主要产区之一。人民富庶，民俗活动自古繁盛，犹以正月"灯节"期间为最。据

《民国德清县新志》卷二《风俗》记载，"正月灯节，自一月十三日曰'上灯'起，至一月十八日曰'落灯'止。乡农制各色纸灯为龙马狮鱼花篮之形赴市竞赛，迎之者须燃花炮并赠钱物以为酬"。而元宵之夜，市井"彻夜观灯"，热闹非凡。千百年来代代沿袭，逐渐形成了元宵期间的特色民俗"乾元龙灯会"。每到春节，家家户户争先恐后邀请舞龙队，在自家门口的空地上作精彩表演，有的则更有趣味地在主人的卧铺前舞龙，以求吉祥，同时还盛情款待舞龙队员，喝酒庆贺。龙灯风俗最为盛行区域集中在东苕溪两岸、德清与杭州交界处。

　　乾元龙灯会传统上包括三大内容：一是龙灯，即舞龙。有"金鹅老龙""文龙""武龙""水龙""火龙""桑叶龙""荷花龙"等。二是花灯。正月十三起，各种花灯悬挂街市，灯上贴有蚕花剪纸、历史人物、各色灯谜和吉祥用语，火树银花，彻夜通明。三是"花

乾元龙灯会（德清县文广新局／提供）

轿"。各村扎"花轿",由本村少女扮为蚕花娘子,八小伙抬轿游行街市。观者如堵,蚕花娘子抛撒蚕花,以"宜田蚕"。乾元龙灯会保持着"乡农赴市竞赛"的民间习俗。群龙竞舞,群轿争艳,万灯争彩,杂耍百戏纷呈,同时又是民间商贸集市、探亲访友的聚会。与千百年来"宜田蚕、讨吉祥"的民俗、农时有着千丝万缕的联系。

乾元龙灯会是德清县大型民俗活动,历史悠久,影响巨大,具有很高的民俗学研究价值。其龙灯舞有民间舞蹈研究价值,花轿、花灯既有传统美术研究价值,又有传统技艺研究价值。目前,活跃在德清县境内的民间龙灯队有数十支,每当喜庆节日,他们进村入户进行巡回表演,保留了淳朴丰厚的传统文化。

(三)珍珠文学艺术

1. 故事传说

关于珍珠从何而来,不同民族有不同的神话故事。在古罗马和古希腊神话中,珍珠的诞生是和女神紧密相连的。最著名的神话就是维纳斯身上的水珠变成了珍珠。维纳斯在古希腊和罗马神话中是"爱与美之神",维纳斯是她的罗马名字,希腊名字叫做阿弗洛狄忒,她掌管人类的爱情、婚姻、生育,以及一切动植物的生长、繁殖。"阿弗洛狄忒"在希腊语中的意思就是"浪花所生的女神"。在北欧丹麦童话中的小美人鱼的故事里,小美人鱼思念王子,流下眼泪,被守护在身边的母蚌珍藏起来,眼泪就变成颗颗珍珠。西方还有神话说珍珠是圣母乳汁的凝结。另有传说认为珍珠是亚当和夏娃犯"原罪"后因悔恨而掉下的眼泪。

在中国也有珍珠来自泪水的传说。最著名的就是"鲛女的眼泪"。传说在中国的南海里生活着鲛女，她们善织一种薄如蝉翼、滑若凝脂的绫绸，名叫鲛绡。鲛女原是月亮女神嫦娥的侍仆，因为做错事被嫦娥罚到海里织绡。传说每逢月圆之夜，她们常常站在礁石上，遥望月亮，伤心落泪，落下的泪水便是珍珠。

在中国的神话与传说中，珍珠的诞生大多是与日月山川、风霜雨雪等自然神灵相关的。明代宋应星的《天工开物》记载："凡珍珠必产于蚌腹，映月成胎，经年最久，乃为至宝。""凡蚌孕珠，即千仞水底，一逢圆月中天，即开甲仰照，取月精以成其魄。转侧其身而映照之。"在这里珍珠的诞生抒情浪漫，充满了东方文化天人合一的味道。《合浦县志》的记载与此相近："蚌蛤含月之光以成珠，珠者月之光所凝。"又说"蚌蛤食月之光，于腹以成珠""珠则月之精"。《岭南见闻录》记载："蚌闻雷而孕，望月而胎珠。"梁代刘勰在《文心雕龙》中所叙述珍珠的诞生更人格化："其珠若怀妊然，故谓之珠胎。"在刘勰眼里，珠蚌育珠就像妇女怀胎一样，是生物的一种生育行为。这个说法赋予了珍珠美丽的生命。

古代湖州地区流传着不少佛像珍珠的传说故事，其中很多都与慈感寺有关。慈感寺建于唐乾元年间（758—760年），南宋建元三年（1129年）迁至潮音渡东。南宋嘉定年间（1208—1224年）品第江南诸寺，分为"禅院（禅宗）五山、十刹"和"教院（台宗）五山、十刹"。湖州慈感寺被评定为教院十大名刹第四位。慈感寺是江南赫赫有名的大寺院，宋代的禅院五山、十刹，都享有免税等特权，其住持由官方派任，寺院都是建筑雄伟，规模宏大。宋以后的文人诗词、笔记、志怪小说里多次提到慈感寺。祖籍丹阳，后定居湖州的葛立方，是南宋诗论家、词人，他所著的《韵语阳秋》直接记载了有关慈感寺佛像珍珠的传说："大观中，吴兴郡有邵宗益者，剖蚌将食，中有珠现罗汉像，偏袒右肩，矫首左顾，衣纹毕具。僧俗创见，遂奉以归慈感寺。寺临溪流。建炎间，宪使杨应诚与客传玩之次，不觉越栏跃入水中，巫祷佛求之，于烟波渺茫之中，一索而获。噫，亦异矣！叶少蕴有诗云：'九渊幽怪舞垂涎，游戏那知我独尊。应迹不辞从异类，藏身何意恋穷源。归来自说龙宫化，久住方惊鹫岭存。此话须逢老摩诘，圆通无碍本无门。'曾公衮云：'不知一壳几由旬，能纳须弥不动尊。疑是吴兴清雪水，直通方广古灵源。月沉浊水圆明在，莲出污泥实性存。隐现去来初一致，莫将虚幻点空门。'一时名公和篇甚众，今藏慈感寺。"传说跟高僧梵隆培育珍珠的记载相关联。

明以后关于慈感寺种种传说都跟明初重臣夏原吉（1367—1430年）有关。明代官做到礼部尚书兼东阁大学士的湖州人朱国祯（?—1632）写的笔记《涌幢小品》记载："忠靖公曾宿我湖慈感寺。有贝叶晓翻龙侧耳。珠光夜吐蚌倾心之句。"查《夏忠靖公集》有《宿湖州慈感寺和壁间诗韵》："借榻苕溪慈感寺，始知城市有山林，萧萧白发窗前老，漠漠红尘门外深，贝叶晓翻龙侧耳，珠光夜吐蚌倾心，道人相对莫相笑，聊洒松烟记重寻。"

后来的文人充分发挥想象，逐渐把夏尚书写的"贝叶晓翻龙侧耳，珠光夜吐蚌倾心"诗句演绎成了志怪小说。明末清初的张岱《夜航船·四灵部》有"牒蚌珠之仇"故事：户部尚书夏维喆，名原吉，为人公正，作诗作赋可以决人生死。永乐元年来江南督理治水。投宿湖州慈感寺，听说潮音桥下有蚌珠，因为蛟龙经常来取珠，疾风暴雨，损坏庄稼。晚上，一个妇人领着女子前来求助，求得夏尚书诗一首为护身符威慑贪淫豪夺的强邻，免于女子落入强人之手。后来夏尚书得知梦中女子就是成精的蚌珠。之后夏尚书巡历各府，自苏州到松江，有一金甲神求见，说他之前聘娶一个女子，没料到这个女子奸诡异常，求取了尚书的诗不肯出嫁，请求改判把女子赐给他。夏尚书意识到他聘娶的是湖州慈感寺附近蚌珠化身的女子，不肯答应。金甲神威逼恐吓，不改判将后患无穷，水患成灾，大陆成池，沧田作海。夏尚书知道得罪的金甲神就是蛟龙，写檄文陈述蛟龙的罪孽祭献海神，次日，蛟龙被雷打死，蚌珠感恩戴德。

故事到了钱塘陆人龙编撰的《峥霄馆评定通俗演义型世言》（《三刻拍案惊奇》）第三十九回"蚌珠巧乞护身符，妖蛟竟死诛邪檄"中就长了。开头这样写："话说浙江有个湖州府，府有道场、浮玉二山，列在南；卞山崎于北；又有升山、莫干环绕东西；王湖茗雪四处萦带。山明水秀，绝好一个胜地。城外有座慈云寺，楼观雄杰，金碧辉煌。寺前有一座潮音桥，似白虹挂天，苍龙出水，桥下有一个深潭。"不过慈感寺不知道为什么变成了慈云寺。

2. 成语典故

隋侯之珠　《淮南子·览冥训》："譬如隋侯之珠。"注："隋侯，汉东之国，姬姓诸侯也。隋侯见大蛇伤断，以药敷之，后蛇于江中衔大珠以报之。珠盈径寸，纯白，而夜有光明如月之照，可以烛室。故谓之'隋侯之珠'。"隋珠在我国历史上与和氏璧齐名，广为流传。

掌上明珠　比喻珍贵，原指极钟爱的人。西晋博玄《短歌行》："昔君视我，如掌中珠。何意一朝，弃我沟渠。"后专指父母疼爱的子女（多指女儿）。如唐白居易《哭崔儿》诗："掌珠一颗儿三岁，鬓发千茎父六旬。"明汤显祖《牡丹亭·训女》："娇养他掌上明珠"。也有用"掌珠"喻夫妻感情好。

珠联璧合　璧为美玉，成串的珍珠和美玉艺术的组合给人美不胜收之感。比喻众美毕集，相得益彰。《汉书·律历志上》："日月如合璧，五星如连珠。"

珠圆玉润 像珠子那么浑圆，像玉石那样温润。形容歌声或文字既委婉曲折，又自然流畅。清周济《词辨》："北宋词多就景叙情，故珠圆玉润，四照玲珑。"唐李商隐《拟意诗》："银河补碎银，珠串咽歌喉。"唐白居易《琵琶行》中，用"大珠小珠落玉盘"来形容优美悦耳的琵琶声。

买椟还珠 比喻没有眼光，取舍不当。《韩非子·外储说左上》："楚人有卖其珠于郑者，为木兰之椟，熏以桂椒，缀以珠玉，饰以玫瑰，辑以翡翠，郑人买其椟而还其珠。此可谓善卖椟矣。"

蚌病成珠 出自于西汉刘安《淮南子·说林训》："明月之珠，蚌之病而我之利。"本义指珍珠由蚌痛苦孕育而成，比喻因不得志而写出好文章。

3. 珍珠崇拜

珍珠在宗教中有着神圣地位，在佛教中，珍珠是佛教七宝之一；在基督教中，上帝创造伊甸园时，在伊甸园的河里放入珍珠与玛瑙；在道教中，神仙的装饰及其所使用的器物都离不开珍珠；在伊斯兰教中，珍珠被用来装饰神像、寺院、法器乃至经书封面。

德清珍珠文化历史悠久，在德清人民的生活习俗中也产生了不可忽视的影响。在德清的婚庆习俗中，珍珠是必备礼品之一，德清当地民歌《花线姻缘》中描述了少女喜结良缘时所要采购的物品"一来要买鸳鸯枕，二来要买绣花针……九来要买布一匹，十来要买珠花耳环都齐全。"由此可见，珍珠在婚庆中的重要地位。同时德清当地的婚礼赞词中也有"一步踏金阶，二步上莲台，天官赐福齐到来，玉盘珍珠送上来"之说，即在新人进门时，要以玉盘珍珠来加以迎接，以表示新人的珍贵难得及表达对新人婚姻美满幸福的祝福。

六

未来之路——保护与发展

　　在珍珠养殖技术未普及之前，天然珍珠数量极为稀少，价格极为昂贵，只有皇宫贵族才能享用。几个世纪之前，叶金扬发明附壳珍珠养殖技术并在德清进行了规模化生产，使得"旧时王谢堂前燕，飞入寻常百姓家"成为现实。几个世纪之后，同样生活在德清的劳动人民秉承先人遗志，不遗余力地研究珍珠，发展珍珠，又为我国现代淡水珍珠规模化养殖奠定了坚实基础。尽管近十年来德清珍珠产业发展过程中遇到了一些困难，但人们对珍珠的热爱始终未变，相信历经起伏之后，借助农业文化遗产保护，德清珍珠有望迎来它的又一次辉煌。

（一）系统现状：亟待保护的遗产

1. 珍珠养殖技术的过去与现在

　　德清县是浙江省淡水渔业生产重点县，县境内河港交错，荡漾密布，是颇负盛名的"江南水乡"。德清县外荡珍珠养殖曾是德清县渔业生产发展中的一个重要内容，著名的浙江欧诗漫集团公司就是在养殖珍珠的基础上发展壮大起来的。早先德清县珍珠养殖方式为自然养殖，不使用任何肥料；21世纪初，珍珠养殖者为追求高密度和快速生长，改变养殖方式，大量使用畜禽粪肥。据调查，投放量从每年每亩1吨到10吨不等，大都在1～3吨。畜禽粪肥的投放，造

20世纪70年代珍珠养殖

成了水体的富营养化和有机质耗氧严重超标。同时，投放的粪肥中含有大量的细菌和寄生虫等有害物质，严重影响了水域周边群众的生产和生活，引发多起剧烈的矛盾冲突，产生了大量的社会问题，同时也与德清县国家级生态县建设、省级旅游强县创建和社会主义新农村建设极不协调。2009年起德清县禁止外荡水域珍珠养殖。珍珠养殖场地受限，导致珍珠产业链缩水，这是德清农业文化遗产保护与发展中必须正视的挑战之一。

2. 珍珠传统文化的消亡与复兴

德清人工养殖珍珠历史悠久，宋代人工养蚌育珠已具规模。20世纪70至90年代，德清规模化人工育珠到达一个新的高度。如今，随着社会的发展，德清河蚌育珠技艺逐渐淡出人们的视野，变得鲜为人知。由于年轻一代对珍珠历史茫然、不甚了解，传统河蚌育珠

20世纪70年代的珍珠插种

技术面临失传，成为传统养殖技术保存与发展所面临的重要问题。长期以来，德清悠久的珍珠文化资源深藏闺中，由于缺乏统一规划和经营意识，在对外宣传历史文化方面，始终没有抓住德清珍珠最具魅力的一面，无法给外地来宾留下深刻的印象，让人们认识到德清是一个具有悠久珍珠历史文化的地方。外地游客来德清，注重观赏自然生态环境，较少关注历史文物古迹及相关传统文化，对德清自古以来的珍珠养殖技术及珍珠文化更是知之甚少。

3．珍珠产业发展的压力与挑战

随着社会经济的快速发展，德清渔业形成了以甲鱼、青虾为主导，青鱼、草鱼、鲢鱼和鳙鱼等大宗水产品稳定发展的格局。同时，德清渔民勇于探索，创新模式，成功总结出适合德清的稻鳖共生（轮作）、稻虾共生、稻鳝共生、稻鱼共生等新型稻田种养模式，

清溪花鳖养殖基地（王斌／提供）

极大促进了农民增效增收。这些水产品的养殖对河蚌养殖形成冲击，导致河蚌养殖规模不断缩小，珍珠产量随之减少，珍珠产业振兴压力巨大。与此同时，珍珠养殖是手工生产，工作强度较大，然而，成年劳动力流失是我国农业和农村面临的一个普遍问题。年轻人大都走出乡村到外面从事自己喜欢的工作，很少有人留在家乡从事珍珠养殖。随着老一辈珠民的老去，德清珍珠养殖业这个传统产业如何继续发展是摆在我们面前的一个严峻问题。

（二）保护对策：整体与动态保护

1. 继承发扬传统农业智慧

一是借鉴传统技术，大力发展生态养殖。传统珍珠养殖技术在珍珠产业发展的同时，生态环境也得到了有效保护，可充分借鉴传统技术中优秀的做法，重新迎来德清珍珠养殖的春天。德清县可以通过科学规划、合理布局养殖水域，全面采用良种优质河蚌苗养殖，提高从业人员技术素质，控制养殖规模，改善环境等措施，保障珍珠养殖的质量和效益，实现珍珠养殖业的可持续发展。同时，积极利用现代鱼、蚌混养模式的立体利用水体养殖空间、合理利用饵料、大幅提高水体养殖效益等优点，发展生态立体养殖，获得鱼蚌双丰收。

二是将优秀传统农耕文化、技术与现代农业发展要求相结合，走出一条具有德清珍珠文化特色的产业发展道路。以德清优越的自然资源为基础，以"高效、安全、多元、品牌、生态"为标准，通过加强资源培育、限产提质、科技研发、保护特色品种、建立珍珠生产示范基地、推广珍珠标准化生产等一系列举措，促进德清珍珠这一传统产业的可持续发展。

2. 弘扬优秀传统农耕文化

一是全面开展珍珠文化发掘工作，继承和发扬珍珠文化。德清珍珠文化正面临着消亡的危险，应积极开展德清珍珠文化价值的普查及挖掘工作，加强珍珠文化保护、发展及流失情况的调查，对珍珠文化、民间文艺、艺人、技艺、习俗、谚语、歌谣、诗词、各种古建筑等进行补漏性调查，重新认识珍珠文化的价值；同时，加强珍珠文化研究，整理出版珍珠文化系列丛书；重建祭祀叶金扬的场所，打造小山寺珍珠朝圣地；积极支持"中国德清珍珠博物馆"和珍珠文化主题公园的建设；定期举办全国珍珠文化研讨会。

二是提高各利益相关方对农业文化遗产的认识。编写农业文化遗产读本，向人们解读德清珍珠文化及其科学内涵，引导人们自觉保护与传承；定期举办"中国·德清珍珠文化节"，将节庆文化、文学艺术、饮食文化等非物质文化集中展示和传承，在表现农业文化遗产核心内容的同时，创造具有较强娱乐观赏性的节庆项目，提高社会各界的参与积极性；拍摄制作德清珍珠相关宣传片，全面、系统、多方位地反映珍珠文化的传承、保护与发展，并且通过电视、广播、报纸、杂志等媒体宣传提高德清珍珠在全国的知名度。

3. 充分发挥不同群体作用

一是建立农业文化遗产保护的多方参与机制。多方参与机制是农业文化遗产动态保护的前提，应明确政府、企业、珠民、专家学者、媒体等农业文化遗产利益相关方的责任和使命及动态保护中的利益，并建立惠益共享机制，以此调动各利益相关方保护农业文化遗产的积极性和提高各利益相关方发展利益分配的公平性。

二是加强政府对农业文化遗产保护与开发的支持和引导。政府通过对农业文化遗产的全面普查，建立起完整的、分门别类的农业文化遗产数据库，为农业文化遗产保护与发展提供条件。制定以当地传统的管理理念为基础的保护计划，辅以当地留存下来的乡规民约、生产生活习俗，以保持当地的生物多样性和文化多样性。制定农业文化遗产保护的法规制度与优惠政策，对农业文化遗产保护做出详细的要求和规定，对于保护的具体细则进行阐释和说明；同时，对农业文化遗产旅游业和有机农业发展等给予政策支持；对农业文化遗产核心区内的居民在生活和生产上予以政策和经济支持等，以促进农业文化遗产的保护。

三是深入开展德清珍珠文化的相关研究。通过对德清珍珠之源的研究，将德清悠久的珍珠养殖历史呈现在世人面前，可以吸引更多的人关注中国珍珠及珍珠文化，进一步促进国内外珍珠文化交流与传播。开展德清珍珠养殖系统组成、结构、生产力、养分循环、水循环动态变化长期研究，揭示相关生态规律，可为水资源的保护与合理利用、社会经济发展和环境污染等问题的解决提供理论支撑。珍珠有效成分的发掘、开发与利用，不仅具有重要的科学研究价值，同时也为人类带来福祉。珍珠是传统的中药材，充分利用其"清热解毒、养阴熄风、去翳明目、消炎生肌"的药效，可开发出珍珠系列药品；同时珍珠还是神奇的美容材料，在现有珍珠保湿、防皱、美白滋养化妆品的基础上，可力争在其他方面有新的突破。

（三）发展对策：一二三产深度融合

1. 发展有文化内涵的生态农产品

　　农耕文化是中国农业文化的灵魂，充分挖掘遗产地农产品的文化价值，发展有文化内涵的生态农产品，是农业文化遗产地以农为本的根本发展思路，其发展途径包括：

　　一是在遗产地已有资源基础上，进一步挖掘生态产品，大力发展生态农业，不断开发遗产地特色农产品，扩宽农业文化遗产的利用渠道，形成以遗产地特色农产品为基础的生态产业链条，切实带动区域经济发展和农民增收致富。

　　二是充分发挥文化软实力对现代农业的支撑作用，拓展农业传承文化的功能，积极挖掘和创新农业经营中的文化因素，以文化力来全面提升农业的市场竞争力。

生态型珍珠养殖基地

2. 激发古老而新兴产业的活力

一是延长珍珠产业链，拓展深加工产品。随着经济的发展和人民生活水平的提高，人们对首饰的消费正成为继住房、汽车之后的又一个消费热点。面对巨大的市场需求，珍珠饰品并没有发挥出其应有的潜能。同时，珍珠有着很好的美容、保健及药用价值。在中国数千年的使用经验中，珍珠向来都是以珍珠粉作为主要使用形态，随着加工技术的进步，近年来珍珠相关深加工产品已发展出多种形式，形成了一个潜在的巨大市场机会，可针对其不同的功效开发不同的深加工产品，打造"德清珍珠"名牌精品，推动产业发展。

二是加强产业联合，维护行业利益。中国珍珠产业是一个相对独立的产业，在激烈的国际市场竞争中珍珠产业要保持较强的竞争力，立于不败之地，就必须走产业联合的道路。首先是加强整个珍珠产业的联合。作为一个整体，德清淡水珍珠应与中国淡水珍珠、

现代化珍珠化妆品生产线

中国海水珍珠携手合作，共同应对国际珍珠市场的竞争。其次是加强行业内部的联合。通过联合加强中国珍珠的科学研究工作，维护中国珍珠的市场形象，扩大中国珍珠的市场占有率。最后是加强与其他珠宝行业的联合，在互惠互利的基础上实行联合，通过互通有无、相互渗透、有序竞争的手段，达到与相关行业共同发展的目的。

3. 打造美丽经济的德清样板

一是依托珍珠文化，发展乡村休闲旅游。乡村旅游是农事活动与旅游相结合的农业发展形式。乡村旅游的发展，不仅可以丰富城乡人民的精神生活，优化投资环境，而且达到了农业生态、经济和社会效益的有机统一。德清县优美的生态环境、浓郁的农业与渔业文化和健康的生态产品使德清具有发展休闲农业的优越条件，通过科学规划，整合各方资源，打造魅力乡村，发展乡村休闲观光旅游，可带动农村发展，促进农民增收致富。

二是开发不同特色的休闲旅游产品。在保护优先的原则下，结合已有的旅游线路与农业生产系统的优势资源，合理开发德清农业文化遗产地的旅游资源和特色休闲农业产品。珍珠养殖、生产与深加工技术，作为德清独具特色的农业文化产业，可作为休闲农业发展的重要组成部分，带动乡村休闲旅游三产发展。围绕珍珠产业，德清县可利用欧诗漫珍珠小镇和小山漾珍珠养殖基地，让游客从事参观、饲养、采珠等活动，享受其中的乐趣，同时向广大游客展示德清珍珠丰富的历史文化内涵，通过旅游的窗口把德清珍珠品牌推向世界。

珍珠文化之旅

附录 ｜ 浙江德清淡水珍珠传统养殖与利用系统

大事记

　　约2 000年前，据旧县志记载，德清人们已利用水面养鱼。相传今干山乡境内的范蠡湖（今蠡山漾），为春秋时期越国大夫范蠡养鱼处。

　　691年，唐天授二年，分原武康县东境17乡置武源县，县城设下兰山南。

　　711年，唐景云二年，改武源县为临溪县。

　　742年，唐天宝元年，改临溪县为德清县，县城迁百寮山（百凉山）南。

　　978年，宋太平兴国三年，三月，建新市镇。

　　1004年，宋景德元年，县城设德清镇。

　　1201—1204年，宋嘉泰间，县行政区划为6乡，直至清代。

　　1200—1300年，南宋时期湖州人士叶金扬发明附壳珍珠养殖技术。

　　1525年，明嘉靖四年，知县方日乾、县人陈霆编纂《德清县志》刊行。

　　1648—1695年，明末清初刘献廷《广阳杂记》载："金陵人林六，牛仲云侄婿，玉工也。其人多巧思，工琢玉。言制珠之法甚精。碾车渠为珠形，置大蚌口，养之池内，久则成珠。但开口法未得其要耳。旧法用碎珠为末，以乌菱角壳煎膏为丸。纳蚌腹中，久自成珠，此种用车渠，较为胜之。"

　　1862—1874年，清同治《湖州府志》记载"种珠法"："取大溪蚌，以清水半缸，贮放露天静处，二月中，取十大功劳（草药），洗净、捣自然汁，和细药珠末，丸如黄豆大，外以细螺甸末为衣，漆合滚圆，晒干。启蚌壳内之，每日依时喂养药一次，勿误时刻。养药用人参、茯苓、白芨、白术各一钱，同研细末，炼密成条如米大，于干时重半分为率，养至百日即成珍珠。"

1932年，民国二十一年，《德清县新志》物产篇记载，"种珠：将鱼鳞捣烂，裹以五村后圩田中土搓圆，嵌于蚌壳内，蓄诸池，一二年后取出之似真珠，惟光浮质亲有底。料珠：出六区八庄草塘，里内用广东白泥，料外以鳞捣烂浇之，烘以火加工如前，光足为上，销于广东、上海等处。"

1939年，民国二十八年，全县产鱼2万担①。

1946年，民国三十五年，德清部分渔民在下舍成立渔会，有会员818人。渔会以增进渔民收益为宗旨，开展共同养殖。

1951年，德清成立洛舍、下舍、城关、新市等4个渔民协会。

1952年，全县养鱼面积扩大至3.04万亩，年产7.84万担。

1953年，下舍、洛舍渔民协会分别并入新市和城关。

1954年，全县在土改时分到房屋和土地的渔民，绝大部分加入农业生产合作社，成为以农业为主、渔业为副的农民。少数专业渔民采取自愿结合或行政编组的方式，成立临时互助组或渔业合作社。

1956年，在农业合作化高潮中，新市、城关渔民协会改称渔业生产合作社。

1957年，全县养殖面积3.85万亩，年产成鱼10.5万担。

1958年，周恩来总理指示："要把千百年落后的自然捕珠改成人工养殖。"

1960年，为解决缺粮困难，全县镇塘改田800多亩，浅塘种稻1000余亩，内塘面积骤减。同时，外荡养鱼与种菱的矛盾也日益突出。

---

①担为非法定计量单位，1担=50千克。——编者注

1961年，国营外荡渔场下放给生产队经营后，更加剧养鱼与种菱的矛盾。全县309户半农半渔、635户专业渔民陆续组建城关、新市、洛舍、下舍、二都等5个渔业生产合作社。

1962年，全县养殖面积降至1.78万亩，年产鱼3.81万担。

1963年，因解决猪饲料问题，提倡养殖"三水一绿"（水浮莲、水葫芦、水花生、绿萍），水面空间更加缩小。

1964年，筹建"县联社"，把全县332户专业渔民，348只捕捞船只，编成29个渔业生产队。

1967年，德清县以沈志荣、高雪娥等为代表，继承改良传统河蚌育珠生产技艺，开始大规模化人工育珠生产，并在"珍珠质量提高""三角帆蚌人工繁殖技术"和"三角帆蚌病毒性蚌瘟病防治技术"等领域取得了重大突破，开启了我国现代淡水珍珠规模化养殖科学之门。

1967年，县有关部门成立连家船民社会主义改造办公室，翌年在城关、洛舍、下舍、士林、高林、勾里、禹越、钟管、梅林、二都、雷甸、戈亭等公社分别组建12个水产大队。同时，将全县外荡水面分别划给各大队，作为生产基地。

1968—1975年，国家拨款35万元，拨木材1 500立方米，钢材40吨，帮助各水产大队建造平房719间，楼房74间，使全县603户、2 632名渔民实现陆上定居、定港生产，结束几千年来渔舟漂泊的浪迹生涯。

1970年，全县插种河蚌1.5万只，获珠10.925千克，德清县第一批淡水珍珠采收成功。

1971年，德清县雷甸水产大队与省淡水水产研究所合作，人工繁殖三角帆蚌获得成功。此后，河蚌育珠接踵而至，育珠面积达1 000余亩，插种人员183人，管理人员366人。

1974年，雷甸水产大队在大海漾、黄婆漾等水域开展网箱繁育三角帆蚌获得成功。

1975年，江苏吴县黄埭首次发生"蚌瘟病"，后陆续在中国主要珍珠养殖区域大面积暴发，沈志荣担任农业部下达的"防治三角帆蚌蚌瘟病课题"课题组组长，在与相关科研院所的共同努力下，于1979年攻克三角帆蚌病菌毒性蚌瘟病防治技术难关，提出了蚌瘟病的有效防控措施，并取得了显著成效。

1975年，沈志荣完成"三角帆蚌人工繁殖技术"研究，并随后进行大面积外荡网箱养殖。

1976年，德清建起国内第一家珍珠综合利用企业——珍珠粉厂。雷甸水产大队繁育幼蚌36万只，突破国内同行业水平，被嘉兴地区授予优秀科技一等奖。

1979年，日本淡水珍珠考察团来德清考察，同年沈志荣作为中国淡水珍珠考察团唯一科研人员赴日本进行为期46天的淡水珍珠养殖与加工考察。

1980年，"三角帆蚌外荡网箱人工繁殖"科研成果获原嘉兴地区优秀科技成果一等奖。

1981年，德清县人民政府重新设置水产局。

1982年，"三角帆蚌人工育苗和河蚌育珠"科研成果获国家农委、国家科委科技推广奖；雷甸淡水珍珠获外经贸部"品质优良出口产品"；浙江珠丽化妆品厂创立。

1983年，德清县成立渔政管理委员会，下设17个乡渔政管理站，配备工作人员71名，加强对全县淡水资源管理和保护。德清县淡水珍珠研究所成立，为全省首家民办淡水珍珠研究所。

1984年，雷甸水产大队改建成立雷甸水产养殖公司，下设淡水珍珠研究所。

1985年，随着商品生产的发展，鱼塘面积扩大，全县养殖面积5.85万亩，其中内塘2.26万亩、外荡3.16万亩、水库0.43万亩，占水域总面积的58.3%。年产淡水鱼20万担，比1950年增长3倍，成为全省淡水养殖重点生产区之一。时至1985年，德清县繁殖小蚌873万只，插种26.42万只，产珠1431千克。

1986年，全县水产养殖组织有国营德清县鱼种场、12个水产村（水产养殖公司）和部分水库养鱼组，经营水面4万余亩，主要经营外荡、内塘、水库的养鱼、河蚌珍珠等项目。德清县名优特鱼类有团头鲂、异育银鲫、白鲫、加州鲈鱼、河蟹和河蚌育珠等；全年河蚌育珠面积1000余亩，产量1747千克，产值635万元。同年，沈志荣分别在《浙江水产学院学报》和《科技通报》发表《三角帆蚌蚌瘟病病毒的分离及其生物学特征的初步研究》和《三角帆蚌疾病病因探讨》论文。

1988年，"提高珍珠质量技术"荣获省政府科学技术进步奖。

1990年，包括内塘、水库、外荡和稻田在内，虾、蟹、河蚌育珠等特种水产养殖面积3000多亩，虾、蟹产量29吨，河蚌珍珠7909千克，产值1500余万元，其中珍珠产值1308万元。1990年后，公司（水产村）把发展珍珠深加工和珍珠饰品生产作为新的产业重点，先后开发出珍珠化妆品系列、珍珠首饰、珍珠保健品等多个系列产品。

1990—1995年，经营体制改革，水产村先后转制成养殖公司，大多为个人经营或者股份制企业。同时，由个体经营的水产养殖业快速发展。

1992年，浙江欧诗漫实业总公司成立；中外合资企业浙江欧诗漫日化有限公司创立。

1993年，《三角帆蚌蚌瘟病病毒的精细结构与基因及多肽的研究》论文在国际权威学术刊物《病毒学报》发表；注册"欧诗漫"商标。

1994年，组建省级集团——浙江欧诗漫集团公司；"欧诗漫"商标被认定为浙江省著名商标；欧诗漫医药保健品荣获全国"最受消费者喜爱的保健品"称号。

1995年，全县名优特养殖面积6 234亩，总产量3 336吨，主要品种有加州鲈鱼、罗氏沼虾、甲鱼、河蟹、鳜鱼、青虾等；河蚌珍珠产量18 250千克，产值达到5 060万元，成为全国最大的珍珠产业化基地。

1996年，欧诗漫集团公司采收到一颗直径17毫米的特大优质珍珠；公司被中国农学会指定为"国内唯一珍珠生产加工基地"，沈志荣被聘请为学会唯一珍珠咨询专家；公司被评为浙江省先进农业龙头企业。

1997年，特种水产品养殖11 500亩，产量1 077吨，产值2 886万元。

1998年，县政府农业发展基金加大对名优特水产示范基地、专业市场、种养大户和科技推广的资金补助，1998—1999年共补助227万元。同年，雷甸镇水产养殖公司实行政企分开，建立水产村和欧诗漫实业股份有限公司。

1998—2000年，全县新建、扩建10多个名优特水产养殖产业化基地。

1999年，全县名优特水产品养殖面积达3.17万亩，总产量3 998吨，产值1.15亿元，平均亩产值3 627元。

2000年，全县珍珠产量8 550千克。

2001年，德清县特种水产养殖面积115 731亩，产量10 027吨，总产值28 062.60万元。杭州欧诗漫化妆品有限公司成立。

2002—2003年，建成"德清县新港现代渔业示范园区"面积11 000亩，其中特种水产苗种基地900亩，养殖基地10 100亩。

2003年，全县名优特种水产养殖面积14.27万亩，总产量1.75万吨，总产值5.60亿元。欧诗漫企业技术研发中心被认定为省级企业技术研发中心；与浙江大学、南京理工大学合作，成功开发"纳米珍珠粉制备技术"，使公司整体技术达到国际先进水平；浙江欧诗漫集团德清生物科技有限公司成立。

2004年，浙江欧诗漫集团公司字号"欧诗漫"被认定为"浙江省知名商号"；"纳米珍珠粉制备技术"被授予国家发明专利；企业技术中心被认定为浙江省农业科技研发中心。

2005年，全县特种水产养殖面积11.80万亩，总产量19 316吨，总产值6.24亿元。至年底，全县已有水产养殖企业36家，其中养殖公司9家，养殖场22家，专业合作社5家。2005年，全县河蚌珍珠产量90 476千克。浙江欧诗漫实业股份有限公司总产值达3.30亿元，其中出口额499万元；成功举办首届中国日化专营店营销论坛；纳米珍珠粉被评为国家重点新产品、省级高新技术产品；浙江欧诗漫集团德清生物科技有限公司通过保健食品GMP审查；企业技术研发中心被农业部认定为农产品加工企业技术创新机构；赞助联合国世界妇女大会十周年会议。

2015年8月，中国重要农业文化遗产专家委员会主任委员李文华院士，秘书长闵庆文研究员一行考察德清，并听取了德清珍珠文化系统的情况汇报。

2016年10月，中国重要农业文化遗产专家委员会主任委员李文华院士率领专家组成员一行参观德清县农业产业化国家重点龙头企业——浙江欧诗漫集团有限公司，实地走访调研德清县珍珠文化系统核心保护区——洛舍镇砂村小山漾珍珠养殖基地，并参加了由德清县举办的珍珠文化遗产保护与发展专家咨询会。

2017年7月，"浙江德清淡水珍珠传统养殖与利用系统"被农业部评为第四批中国重要农业文化遗产。同年9月，德清召开"浙江德清淡水珍珠传统养殖与利用系统"保护暨申请全球重要农业文化遗产启动仪式。

2018年5月，百家旅行社助推德清乡村振兴精品旅游线路发布会暨欧诗漫珍珠小镇开镇仪式在欧诗漫珍珠生物产业园圆满举行。7

月，发展中国家可持续农业发展与智慧农业官员研修班来德清县开展交流考察。研修班先后现场考察了位于洛舍镇的小山漾珍珠生态养殖基地及位于阜溪街道的欧诗漫珍珠博物院，详细了解德清淡水珍珠传统养殖与利用系统取得的成果。11月，首届联合国世界地理信息大会在德清召开，欧诗漫成为联合国世界地理信息大会官方合作伙伴，向全世界展现企业的品牌文化和综合实力。

附录2	旅游资讯

（一）德清概况

　　德清，地处长江三角洲杭嘉湖平原西部，是镶嵌在杭嘉湖平原上的一颗璀璨明珠。德清是全国百强县之一，经济发达、人民富裕。全县总面积936平方千米，总人口43万，人均GDP超过5 000美元。德清东望上海，南接杭州，北靠环太湖经济圈，西枕天目山麓，区位优势十分明显。104国道、杭宁高速、杭宁高铁、京杭大运河等穿境而过，距离上海、南京两个半小时车程，离杭州仅半小时车程，交通十分便利。

　　德清县属亚热带湿润季风区，温暖湿润，四季分明，年平均气温为13～16℃，无霜期220～236天，多年平均降水量1 379毫米。3～6月以偏东风为主，多雨水。6月为梅雨期，7月受副热带高压控制，地面盛行东南风，气候干热。8～9月常有台风过境，酿成灾害。县境地势自西向东倾斜，西部为天目山支脉莫干山区，山峦起伏，竹茂林丰，县内有海拔700米以上的山峰5座。中部由属湘溪、余英溪、阜溪所构成的"三溪河谷"，为山区向平原过渡地带。东部，东苕溪以东，地势低洼，海拔仅为3.5米左右。

　　德清历史悠久、人文荟萃，素有"名山之胜，鱼米之乡，丝绸之府，竹茶之地，文化之邦"的美誉。7 000年前的马家浜文化在德清县境内就有遗址发掘，5 000年前的良渚文化也有大量遗存。中国青瓷古遗址"瓷之源"的发掘和论证，改写了中国青瓷的历史。德清是唐代著名诗人孟郊故里，是防风古国、莫邪干将铸剑传说之地，形成了"游子文化""新市庙会""乾元龙灯会""吉祥三宝"等为重点的节庆文化活动。

德清是一个"望得见山、看得见水"的宜居之地。境内有中国四大避暑胜地之一的国家级风景名胜区莫干山、"中国最美湿地"下渚湖和素有"千年古运河、百年小上海"之誉的新市古镇。近年来，得益于优良的生态环境，成功发展了以"洋家乐"为代表的国际化高端生态休闲度假新业态，入选"世界十大乡村度假胜地"，走出了一条"青山变金山""叶子变票子"的发展路子。莫干山被《纽约时报》评为全球最值得一去的45个地方之一，德清"洋家乐"获得国家生态原产地产品保护。"美丽乡村建设2.0版从德清出发"，在全国首次农村人居环境普查评价中位列第一。"美丽城镇先行区"的品牌不断打响，德清县成为全国小城镇环境综合整治现场会考察点，莫干山镇被评为第一批中国特色小镇。

（二）旅游景观

德清山青水秀，拥有五山一水四分田，地形地貌独特。从西到东呈现明显的三个台阶，西部属天目山余脉，群山逶迤，竹林葱茂，森林覆盖率达90%以上，主要代表是莫干山风景区。中部丘陵、湖泊相互交汇，港湾交错，芦苇成片，河水清澈，野鸟群栖，主要代表是下渚湖湿地风景区。东部水乡平原，河网密集，鱼塘棋布，阡陌纵横，主要代表是新市古镇。德清拥有山、河、湖、泊，这种地形在周边地区较为罕见。

1. 避暑胜地莫干山

莫干山位于浙江省北部德清县境内，美丽富饶的沪、宁、杭金三角的中心，系国家级风景名胜区，国家4A级旅游景区，因春秋末年，吴王阖闾派干将、莫邪在此铸成举世无双的雌雄双剑而得名，是我国著名的度假休闲旅游及避暑胜地。莫干山山峦连绵起伏，风景秀丽多姿，景区面积达43平方千米，以绿荫如海的修竹、清澈不竭的山泉、星罗棋布的别墅、四季各异的迷人风光称秀于江南，享有"江南第一山"之美誉。莫干山风光妩媚，景点众多，有风景秀丽的芦花荡公园，清幽雅静的武陵村，荡气回肠的剑池飞瀑，史料翔实的白云山馆，雄气逼人的怪石角，野味浓郁的塔山公园，以及天池寺踪迹、莫干湖、旭光台、名家碑林、滴翠潭等百余处，引人入胜，令人流连忘返。

一千多年的开发史，使莫干山形成了丰富的人文景观。众多的历史名人，既为莫干山赢得了巨大的名人效应，更为莫干山留下了

莫干山（德清县农业农村局／提供）

难以计数的诗文、石刻、事迹以及二百多幢式样各异、形状美观的名人别墅。这些别墅遍布于风景区每个山头，掩映于茂林修竹之中，建筑美与自然美融为一体，美不胜收。更妙的是，二百多幢别墅，竟无一相同，因此莫干山又有"世界近代建筑博物馆"之称，极富观赏价值。

2. 最美湿地下渚湖

德清县下渚湖国家湿地公园位于浙江德清县城东南，面积约为36.5平方千米，水域面积3.4平方千米，中心湖泊1.26平方千米，是国家4A级景区、省级风景名胜区、朱鹮易地保护暨浙江种群重建基地、国家野生大豆保护区、浙江省50个最值得去的景区之一、中国最佳生态休闲旅游目的地。2011年在由人民日报社《中国经济周刊》、湿地国际中国办事处联合发起的"寻找中国最美湿地"评选活动中获"中国最美湿地"称号。

下渚湖（德清县农业农村局／提供）

下渚湖国家湿地公园里港汊交错，芦苇成片，湖水清澈，野鸟群息，水生动植物遍布，至今仍保持了自然质朴、原始野逸的江南水乡风貌。600余个墩岛散布湖面，1 000余条港汊纵横交错，还有800多种动植物在此繁衍生息，其中就有被誉为植物中的"大熊猫"的野生大豆、有被誉为动物中的"大熊猫"的朱鹮。

3. 江南水乡新市镇

位于新市镇镇区，南侧紧邻京杭运河，景区2007年开始对外开游，于2013年被评为国家AAA级景区。新市古镇作为德清旅游重要组成部分，人文历史悠久，文保单位众多，旅游资源丰富，有利于综合开发。新市古镇堪称为"古老之胜、水乡之美"，纵横的溪塘穿街傍市，溪上众桥飞跨，塘畔绿树成荫，河中舟楫不绝，自古便是繁华之地。

古镇随大运河而发展而成形，是当时运河上重要的商品集散地，在清朝曾是德清珍珠交易重要场所。现存古建筑风格、样式受运河文化影响深远，明显体现商贸特征。文化内涵深厚，民风质朴，是

新市古镇（德清县农业农村局／提供）

集宗教文化、运河文化、蚕桑文化、珍珠文化于一体的历史文化名镇。其中明清宅居群、觉海寺院、古桥梁等，均值得一访究竟。

4. 千年古刹觉海寺

　　觉海寺位于浙江省德清县新市镇北迎圣桥北堍，为县重点文物保护单位。唐宪宗元和十年（815 年），建成"大唐兴善寺"。至北宋治平二年（1065 年）改名觉海寺。至今已有一千多年历史。1995 年重建寺内大雄宝殿，屋顶两条飞龙昂首苍穹，二尖饰飞禽走兽，上下二层有四方八角，每角挂金黄色铜风铃，微风拂动，铃声袅袅。四周柱头用樟木雕刻成五百尊罗汉菩萨，尊尊装金，上下廊檐有百鸟朝凤，并仿制上金花玉叶。大殿中间有莲花座台，上面是雄伟端庄的释迦牟尼如来佛像，头顶有硕大宝盖一只，周围挂金银珍珠菩提珠，弟子摩诃迦叶和阿难陀侍立两旁。相传释迦牟尼佛将禅宗心法传与大弟子摩诃迦叶，摩诃迦叶再传与阿难陀，下传至二十八代

觉海寺（德清县农业农村局／提供）

传人达摩祖师时，达摩祖师不远万里远渡重洋到中国广州，而北上至少林寺，开创中国禅宗心法一派。走出大殿前门，有雕刻七宝如来石台，并有石狮一对分坐左右。

5. 商人圣祖范蠡祠

"范蠡祠"位于浙江省德清县蠡山上，范蠡携西施扁舟五湖时，曾隐居此山。乡民为纪念范蠡，命此山为蠡山，又将山北洋洋千顷的大湖，呼作"范蠡湖"，并以范蠡为"土主"，建神祠供奉。千百年来，特别是动乱年代曾屡遭破坏，其后由四方百姓重新修成，对外开放。当地政府也是顺乎民意，鼎力助成，成就一段政府意志与百姓愿望和谐一致的佳话。该祠基本按原貌修建，占地近千平方米，结构成低、中、高三阶式。整个祠宇顺山势的高下而卧，前后狭长，远望似一叶扁舟浮于万顷碧波之上。较绝的是祠前门楼为双向戏台，

范蠡祠（王斌／提供）

面积约40平方米，前后畅通，这使得两侧位置观众都可观戏，造型很是独特，东西两侧有化妆、道具室，建筑风格实在少见。清邑人胡渭曾作《范蠡庙》诗："亡吴霸越当年事，竹帛流传咏未休，岂有铸金遗像在，不妨片石借名留；畜耕仿佛陶山宅（定陶，范蠡最后的寓居地），虾菜依稀笠泽（太湖）舟，独怪村翁夸胜迹，年年社哥赛春秋。"所以，蠡祠甫一经修复后，立刻有不少戏班子捷足先登地演古装，吸引了不少观众。从四方八乡赶来看戏捧场的人们，皆面有喜色，形如过节。

6. 欧诗漫珍珠小镇

欧诗漫珍珠小镇坐落在世界珍珠养殖技术的发祥地——中国德清，西临国家风景名胜区莫干山，东接国家湿地公园下渚湖，占地面积超千亩，年接待游客能力30万人次，是以珍珠文化为主题的特色

欧诗漫珍珠小镇

旅游小镇。小镇依托"世界珍珠之源"及中国重要农业文化遗产"德清淡水珍珠传统养殖与利用系统"深厚的历史文化底蕴，拥有欧诗漫珍珠博物院、珍珠研究院、珍珠设计院、透明工厂、文化长廊、小山漾珍珠生态养殖基地（筹）和小山寺（筹）等景点，是一个集珍珠养殖、文化体验、工业观光、美容养生、互动娱乐于一体，一二三产业高度融合的精品珍珠文化旅游景区。漫步小镇，可感受博大深厚的珍珠文化，学习丰富多彩的珍珠知识，惊叹由 2 002 447 颗珍珠镶嵌而成珍珠宝船的精致雄伟，揭秘珍珠"变身"化妆品的神奇过程，体验开蚌取珠、DIY 制作的无穷快乐，见证一段"为美而生"的民族品牌传奇……

（三）推荐线路

德清一日游

A线：下渚湖、莫干山

上午：游下渚湖湿地、防风古国，吃渔家饭；

下午：游莫干山、毛泽东下榻处、蒋介石"总统"官邸等，返回。

B线：下渚湖、碧坞龙潭

上午：游下渚湖湿地、防风古国，吃渔家饭；

下午：游碧坞龙潭，返回。

C线：欧诗漫珍珠小镇

上午：探访欧诗漫珍珠博物院，领略多姿多彩的珍珠文化；参观现代化透明工厂，感受欧诗漫为美而生的企业魅力；品味独具特色的珍珠宴，尽享色香味形的味觉盛宴；

下午：参观德清珍珠文化园，感受现场剖蚌取珠、手工串珠的乐趣，返回。

德清二日游

A线：莫干山国家风景名胜区、下渚湖、欧诗漫珍珠小镇

第一天：车至莫干山国家风景名胜区

上午：游莫干山、剑池、毛泽东下榻处、蒋介石"总统"官邸；

下午：游芦花荡、白云山馆等；

第二天：车至下渚湖

上午：游下渚湖湿地、防风古国，吃渔家饭；

下午：范蠡西施隐居地、参观欧诗漫珍珠小镇，返回。

B线：莫干山国家风景名胜区、碧坞龙潭、欧诗漫珍珠小镇

第一天：车至莫干山国家风景名胜区

上午：游莫干山、剑池、毛泽东下榻处、蒋介石"总统"官邸；

下午：游芦花荡、白云山馆等；

第二天：车至碧坞龙潭

上午：游碧坞龙潭，吃农家菜；

上午：游下渚湖湿地、防风古国，参观欧诗漫珍珠小镇，返回。

（四）旅游时节

德清按季采摘水果：

草莓　11月中旬至翌年5月上旬

枇杷　5月中旬至6月上旬

桃　　5月下旬至7月中旬

葡萄　6月下旬至8月中旬

梨　　7月下旬至8月下旬

甜柿　9月上旬至12月上旬

德清旅游景点介绍之注意事项：

①防虫：山上是度假避暑的好地方，但置身于山林竹海，不免会有蚊虫，最好出行前带上驱蚊剂、清凉油之类的东西。

②防晒：夏天行走于丛林中最好还是涂点防晒霜，不是所有地方都大树成荫的。

③莫干山景区门票：80元／人，如在购买门票时，代买山上指定的农家乐和宾馆，票价优惠至60元／人。1.2米以下儿童，免费。

④莫干山的景点比较分散，旅客可以选择山上停车场找一个导游，这样可以方便地观赏到众多莫干山景点，价格约100元左右。如果旅客熟悉路线的话，也可以自己租车前往。

⑤旭光台是摄影的好去处，也是俯瞰莫干镇的最佳点，千万不要错过。

⑥从武康到莫干山的中巴，几乎都写着去"莫干山"，但旅客一定要问清楚到底巴士是到于村（莫干乡）还是到山上（荫山街）。有很多车子只到山下的于村，这样到山上的旅客又得转一次车了。

⑦景区的荫山街会有很多车等在那儿，旅客可以随时搭乘下山，也有到莫干山镇的小面包车。

⑧欧诗漫珍珠小镇景区开放时间：8:30—16:30，须在16:00之前入园（周一闭园，逢国家法定节假日开放）。其他闭园时间以景区官网公告为准；参观前至少提前一天在官网或欧诗漫珍珠小镇官方微信平台预约。（官方网站：http://www.osm.cn）

⑨欧诗漫珍珠小镇门票信息：欧诗漫珍珠小镇成人票60元／人；儿童票30元／人（1.2~1.5米儿童）；官网及欧诗漫珍珠小镇官方微信平台在线预约成人票价格48元／人。身高1.2米以下的儿童，年满70岁以上的老人凭身份证或老年证均可免票，其他免票信息请登录欧诗漫珍珠小镇官方微信平台查询。

（五）特色饮食

苏湖熟，天下足。湖州自古有着"鱼米之乡"的美誉，以其得天独厚的条件，在悠久的历史中形成了以鱼鲜、肉鲜、羊鲜、笋鲜、野味鲜为特点的饮食文化。

1. 张一品酱羊肉

德清县新市张一品酱羊肉独具一格，历来以酥而不烂、鲜嫩可口、色香味俱全、没有羊膻气而闻名遐迩。张一品酱羊肉已有近百年历史。早在清朝末年，宁波人张和松来新市镇，与另一同乡人在北街开设一家饭店。后张

张一品酱羊肉（德清县农业农村局／提供）

和松独立门户，在继承传统羊肉烧法的基础上，采用新的烹调方法，经过多次试验，终于他烧的羊肉受到了顾客的喜爱。到了20世纪30年代，其子继承父业，在经营上比其父更高一筹，不仅烹调考究，选料均用两岁到四岁的肥壮湖羊，而且每一锅他都要亲自品尝。因此，生意越来越兴旺。他还请一秀才取店名。秀才看到该店正朝一家"当铺"，过去有"一品当朝"的美句，又想到该店的羊肉也应在同行中独占鳌头，于是取名"张一品"。

2. 新市羊肉

新市羊肉是德清县新市镇的特色美食。新市羊肉是一道百年名菜，特别是近几年来，羊肉更成了新市古镇的一张美食名片。每到秋冬季节，杭州、湖州、上海等地来新市吃羊肉的游客络绎不绝。饮黄酒、吃羊肉，历来是新市人的小乐惠

新市羊肉（德清县农业农村局／提供）

方式。这几年，新市每年都会办一次黄酒羊肉节。等不及深秋，小小古镇全都被浸泡在了浓郁的羊肉香味中，这时候去新市，也正可以在古镇的悠然步伐和羊肉的香味中做场美梦。新市羊肉起始于宋代，已有一千多年的历史，并被载入中国名菜谱，早在民国之初就已享誉港澳及东南亚市场。"新市羊肉"选料考究，佐料精美，选用湖羊要求健壮无病的嫩口二牙，配以精冰糖、陈年老姜、正宗红曲、山东大枣及胡椒、茴香、桂皮等烧煮。新市羊肉一律用柴火炖，即使在大酒店里，也仍然秉承古法。而且是小火，炖上四五个小时，配有独特的香料，端上桌来的都是一早就开始炖的羊肉。所以新市的羊肉味道格外醇厚，没有羊膻味，其味道之好，实难形容。

3. 酱肉蒸春笋

德清酱肉在南宋时期就有生产，至今已有五六百年的历史。酱肉一般在腊月里酱制，选用肋条肉或夹心肉，切成两指宽的条状，先用少量食盐初步腌制，待肉中的血水淋干后，去除肉上留下的盐，洗净缸或盆后，将缸或盆擦干，把肉放入其中，倒入煮过的红酱油

笋菜品（德清县农业农村局／提供）

（没过肉面）酱制。3～5天后把肉上下翻动一遍，再过3～5天取出。将酱肉系上绳子，放在阴凉处淋干酱油，然后再晒3～5天，就可贮存备用。制作时将春笋放入开水锅里焯水，捞出放在凉水中漂一下，切成滚料块，放入盆中。酱肉切片依次放在春笋上面，放入盐、糖、鸡汤，上笼蒸10分钟后拿出。锅中烧热油，盆中央放上葱、姜丝、红椒丝，淋上热油即可。酱肉蒸春笋具有原汁原味、清香爽脆的特点，可滋阴、益血、化痰、消食、利便、明目。

4. 洛舍鱼圆子

洛舍鱼圆子以剁碎的鱼肉为原料，加适量姜汁、食盐、味精，捣成鱼泥，调进薯粉，搅匀后挤成小圆球，入沸汤煮熟。其色如瓷，富有弹性，脆而不腻，为宴席常见菜品。而

洛舍鱼圆子（德清县农业农村局／提供）

洛舍的鱼丸，较之一般的鱼丸，多了一份鲜美，是周边乡镇及浙江其他地区不能比拟的，是洛舍的传统菜肴，深受众多食客的喜爱。一般在每年冬季，养鱼户烧鱼汤饭时，都会有鱼圆这道菜，现在每逢过年过节，也都会制作这道菜。

5. 碎烧鲢鱼块

德清洛舍地区每到冬季，养鱼户都会干荡捕鱼，之后都会烧一桌鱼汤饭，以鱼为主菜，一般是红烧鱼块，另一道菜是鱼圆汤。顾名思义，鱼汤饭也是因此得名，其他还有凉拌黄瓜、芹菜等作为辅菜。制作时将花鲢鱼宰杀洗净，切块，用清水冲洗净血水。将炒锅划油，

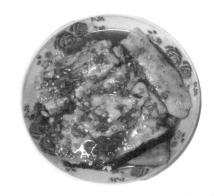

碎烧鲢鱼块（德清县农业农村局／提供）

放入菜油烧至四成热，下大蒜子、生姜，煸香，再将鱼块下锅略煎，加入料酒、酱油、盐、糖调味，用小火烧至成熟入味，后用大火将汤汁收制浓稠，撒上葱花，即可出锅。碎烧鲢鱼块具有肉质鲜嫩，口味独特的特点，可温中益气、暖胃补气。

6. 钟管老鸭煲

钟管老鸭煲是德清县钟管镇的特色美食。"老鸭煲"特色菜选用产自东千村3年以上老鸭为原料，用火腿、咸蹄、竹

钟管老鸭煲（德清县农业农村局／提供）

叶为辅料精心烹制而成，味美价廉，具有养生健胃的功效，江、浙、沪等地风靡。钟管镇东千村是首批中国和美家园精品村，地处德桐公路沿线，地理位置优越，环境设施优美。在这里，游客不仅可以品老鸭煲，还可以参观麻鸭养殖产业，开阔人们的视野。

（六）地方特产

1. 山伢儿早园笋

园笋是早园竹产的笋，是德清县非常有名的地方特产。冬笋的个头很大很粗，又比较短，摸上去毛很多。而早园笋是很光滑的，笋壳的颜色看上去很漂亮。早园笋蛋白质的质量也较高，通过化学得分值的

山伢儿早园笋（德清县农业农村局／提供）

计算，早园笋蛋白质的蛋氨酸含量是各种竹笋最高的，为鸡蛋含量的40%。早园竹笋味鲜嫩、清脆可口，是我国人民最喜爱的传统佳肴。可炒、可焖、可炖、可煮，可拼冷盘，可做汤料，或与其他菜烹调，其味更鲜美，素有"无笋不成席"之雅称。

2. 莫干黄芽

莫干山群峰环抱，竹木交荫，山泉秀丽，常温为21℃，夏季最高气温为28.7℃，自古被称为"清凉世界"；常年云雾笼罩，空气湿润；

莫干黄芽（德清县农业农村局／提供）

土质多酸性，灰、黄壤，土层深厚，腐殖质丰富，松软肥沃，茶叶生产基地除原有的塔山茶园外，尚有望月亭下的青草堂、屋脊头、荫山洞一带。采摘要求严格，清明前后所采称"芽茶"，夏初所采称"梅尖"，七八月所采称"秋白"，十月所采称"小春"。春茶又有芽茶、毛尖、明前及雨前之分，以芽茶最为细嫩，于清明与谷雨之间，采摘一芽一叶、一芽二叶。经芽叶拣剔，分等摊放，然后杀青、轻揉、微渥堆、炒二青、烘焙干燥、过筛等传统工序，所制成品，芽叶完整，净度良好，外形紧细成条似莲心，芽叶肥壮显茸毫，色泽黄嫩油润，汤色橙黄明亮，香气清鲜，滋味醇爽。"莫干黄芽"是浙江省首批省级名茶，20世纪90年代起按绿茶类名茶工艺加工。茶叶品质保证符合有机食品安全质量要求，是招待、馈送贵客的高档礼品茶。

3. 清溪花鳖

德清属太湖流域，素称"鱼米之乡"，其地理环境适宜野生鳖的繁衍生长。德清清溪实业有限公司开发的清溪花鳖、清溪乌鳖更具独特品位。它们是从当地众多野生鳖中经过严格筛选后培育而成的，采用鱼鳖、虾鳖混养，稻鳖轮作的生态养殖模式，使用鲜活饵料及营养丰富的深海鱼粉制成的优质食料饲养，并在其中加入黄芩、黄连、母草、陈皮、杜仲等中草药以增强鳖体自身抗病能力，令鳖体内不含抗生素、激素等有害残留物质。

清溪花鳖（德清县农业农村局／提供）

4．湖州湖羊

湖州湖羊产地为湖州市域全境，辖吴兴和南浔2个区和德清、长兴、安吉3个县，具体分布于44个乡（镇）、511个行政村。陆地分别与杭州余杭区、浙江桐乡市、江苏吴江市、安徽宁国和广德县、江苏宜兴

湖州湖羊（德清县农业农村局／提供）

市相邻，北面与太湖相连。湖羊原来叫做胡羊，源于北方蒙古羊，距今已有1 000多年历史。据历史资料记载，南宋迁都临安，黄河流域的居民大量南移，同时把饲养在冀、鲁、豫的"大白羊"携至江南，主要饲养在江浙两省交界的太湖流域一带。又据宋《谈志》记载，原先湖羊主要分布于浙江西北部的安吉、长兴等县，后来逐渐由山区移向平原，由放牧转入舍饲，经过人们长期驯养和选育，逐步形成了湖羊品种。自21世纪以来，羊肉消费需求日益增加，价格也不断攀升，规模化、生态化、标准化养殖不断发展，湖州湖羊产业发展迅速。湖州多次举办湖羊文化节和赛羊会，湖羊文化得到了弘扬。

5．水精灵青虾

水精灵青虾是德清县的特产。青虾是德清县水产养殖的主导品种，占浙江省青虾产量的1/4左右，是全国重要的青虾养殖基地之一。中国渔业协会命名德清县为"中国青虾之

水精灵青虾（德清县农业农村局／提供）

乡"。三合乡是德清县青虾养殖的重点乡镇，也是全县青虾养殖的示范基地。

6. 雷甸西瓜

雷甸西瓜是德清县雷甸镇的特产。西瓜源于西方，从阿拉伯传入我国。早在唐朝，西瓜就以味甘甜、多汁、解暑等受众人注目。雷甸地处素有"人间天堂"之称的杭嘉湖平原，属亚热带季风性气候区，

雷甸西瓜（德清县农业农村局／提供）

四季分明，温暖温润，光照充足，土壤肥沃，极适宜西瓜的栽培。雷甸西瓜含有人体所需的各种营养成分，有磷酸、苹果酸、果糖、葡萄糖、氨基酸、甜菜碱、番茄色素、胡萝卜素、蔗糖酶、维生素C等。西瓜甘淡、寒凉，入心、肺、脾、肾经。治病用西瓜皮胜于西瓜，中医称西瓜皮为"西瓜翠衣"，具有消烦止渴、解暑清热、利水下气、解酒毒，治口疮喉痹、口干烦躁、暑热、止血痢、小便不利、黄疸、水肿等功效。西瓜系清甜生津之品，具有清凉解暑之功，故夏季暑热时食之令人舒畅。然而，其性质属于寒凉，体虚胃寒、消化不良要慎食或少食，否则易引起腹泻或腹痛。

7. 雷甸珍珠

雷甸珍珠以其晶莹透亮、珠圆润滑的高贵品质，在海内外享有盛誉，有"中国雷甸珍珠"的美称，深受消费者欢迎。雷甸镇也成为浙江省闻名的"珍珠之乡"。珍珠自古为美容润肤之宝，之所以有

如此显著功效，据近代医学研究证明，珍珠中含有大量人体不能合成的氨基酸、皮肤生长因子及人体必需的微量元素，能调节人体的内分泌，促进机体新陈代谢，抑制脂褐素生长，增强表皮细胞活力，延缓细胞衰老。所以，长期使用含有珍珠的美容化妆品，能滋润嫩白肌肤，焕发青春魅力。

雷甸珍珠

8. 杨墩枇杷

杨墩枇杷，春结果，初夏果熟，具有果大肉厚、汁多味甜、营养丰富特点，富含丰富的碳水化合物，维生素A、B族维生素、维生素C以及多种矿物质。果核及果梗还可制成枇杷膏，具有润喉止咳、健胃、清热的作用。据最新研究报道，枇杷叶对治疗癌症也有一定作用。

杨墩枇杷（德清县农业农村局／提供）

（七）交通情况

德清交通十分便利。京杭大运河、宁杭高速铁路、宣杭铁路、杭宁高速公路、104国道、09省道穿境而过，另有穿越县境东中部的申嘉杭高速，县城与杭州市中心仅半小时车程。

1. 火车

德清站

2013年7月1日，伴随着宁杭高速铁路开通运营，德清站正式启用。

地址：浙江省湖州市德清县乾元镇金鹅山村。

德清西站

德清西站始建于1972年；1993年，迁址新建；2005年8月，正式更名为德清站；2012年6月，更名为德清西站。德清西站距莫干山风景区半小时车程，车票8元。到达莫干山后，可包车直接上莫干山，价格不贵，10元左右。

地址：浙江省湖州市德清县武康永安街。

2. 自驾

自驾前往德清一般有以下三条线路：

上海方向：德清距上海约240千米，上海至德清行车约3小时。自驾车的游客可走沪杭高速（或申嘉湖高速）转杭宁高速到德清。

杭州方向：自驾可以选择从杭宁高速或104国道从杭州到德清。

南京方向：南京市区出发上宁杭高速，在德清出口下。

附录3 全球／中国重要农业
文化遗产名录

1. 全球重要农业文化遗产

2002年，联合国粮食及农业组织（FAO）发起了全球重要农业文化遗产（Globally Important Agricultural Heritage Systems, GLAHS）保护项目，旨在建立全球重要农业文化遗产及其有关的景观、生物多样性、知识和文化保护体系，并在世界范围内得到认可与保护，使之成为可持续农业的典范和传统文化传承的载体。

按照FAO的定义，GIAHS是"农村与其所处环境长期协同进化和动态适应下所形成的独特的土地利用系统和农业景观，这些系统与景观具有丰富的生物多样性，而且可以满足当地社会经济与文化发展的需要，有利于促进区域可持续发展"。

据联合国粮食及农业组织官网显示，截至2019年6月，全球共有21个国家的57项传统农业系统被列入GIAHS名录，其中中国15项。

全球重要农业文化遗产（57项）

序号	区域	国家	系统名称	FAO批准年份
1	亚洲（9国，36项）	中国（15项）	中国浙江青田稻鱼共生系统 Rice Fish Culture, China,	2005
2			中国云南红河哈尼稻作梯田系统 Hani Rice Terraces, China	2010

（续）

序号	区域	国家	系统名称	FAO 批准年份
3	亚洲（9国，36项）	中国（15项）	中国江西万年稻作文化系统 Wannian Traditional Rice Culture, China	2010
4			中国贵州从江侗乡稻－鱼－鸭系统 Dong's Rice Fish Duck System	2011
5			中国云南普洱古茶园与茶文化系统 Pu'er Traditional Tea Agrosystem, China	2012
6			中国内蒙古敖汉旱作农业系统 Aohan Dryland Farming System, China	2012
7			中国河北宣化城市传统葡萄园 Urban Agricultural Heritage – Xuanhua Grape Garden, China	2013
8			中国浙江绍兴会稽山古香榧群 Kuajishan Ancient Chinese Torreya, China	2013
9			中国陕西佳县古枣园 Jiaxian Traditional Chinese Date Gardens, China	2014
10			中国福建福州茉莉花与茶文化系统 Fuzhou Jasmine and Tea Culture System, China	2014
11			中国江苏兴化垛田传统农业系统 Xinghua Duotian Agrosystem, China	2014
12			中国甘肃迭部扎尕那农林牧复合系统 Diebu Zhagana Agriculture-Forestry-Animal Husbandry Composite System, China	2017
13			中国浙江湖州桑基鱼塘系统 Huzhou Mulberry-dyke and Fish Pond System, China	2017
14			中国南方稻作梯田 Rice Terraces in Southern Mountainous and Hilly areas, China	2018

（续）

序号	区域	国家	系统名称	FAO 批准年份
15		中国 （15 项）	中国山东夏津黄河故道古桑树群 Xiajin Yellow River Old Course Ancient Mulberry Grove System, China	2018
16		菲律宾 （1 项）	菲律宾伊富高稻作梯田系统 Ifugao Rice Terraces, Philippines	2005
17			印度藏红花农业系统 Saffron Heritage of Kashmir, India	2011
18		印度 （3 项）	印度科拉普特传统农业系统 Koraput Traditional Agriculture, India	2012
19			印度喀拉邦库塔纳德海平面下农耕文化系统 Kuttanad Below Sea Level Farming System, India	2013
20	亚洲（9 国、36 项）		日本能登半岛山地与沿海乡村景观 Noto's Satoyama and Satoumi, Japan	2011
21			日本佐渡岛稻田－朱鹮共生系统 Sado's Satoyama in Harmony with Japanese Crested Ibis, Japan	2011
22		日本 （11 项）	日本静冈传统茶－草复合系统 Traditional Tea-grass Integrated System in Shizuoka, Japan	2013
23			日本大分国东半岛林－农渔复合系统 Kunisaki Peninsula Usa Integrated Forestry, Agriculture and Fisheries System, Japan	2013
24			日本熊本阿苏可持续草地农业系统 Managing Aso Grasslands for Sustainable Agriculture, Japan	2013
25			日本岐阜长良川流域渔业系统 Ayu of the Nagara River System, Japan	2015

(续)

序号	区域	国家	系统名称	FAO 批准年份
26	亚洲（9 国、36 项）	日本（11 项）	日本宫崎山地农林复合系统 Takachihogo-Shiibayama Mountainous Agriculture and Forestry System, Japan	2015
27			日本和歌山青梅种植系统 Minabe-Tanabe Ume System, Japan	2015
28			日本尾崎可持续稻作生产的传统水资源管理系统 Osaki Kôdo's Traditional Water Management System for Sustainable Paddy Agriculture, Japan	2017
29			日本西粟仓山地陡坡农作系统 Nishi-Awa Steep Slope Land Agriculture System, Japan	2017
30			日本静冈传统芥末栽培系统 Traditional Wasabi Cultivation in Shizuoka, Japan	2018
31		韩国（4 项）	韩国济州岛石墙农业系统 Jeju Batdam Agricultural system, Republic of Korea	2014
32			韩国青山岛板石梯田农作系统 Traditional Gudeuljang Irrigated Rice Terraces in Cheongsando, Republic of Korea	2014
33			韩国花开传统河东茶农业系统 Traditional Hadong Tea Agrosystem in Hwagae-myeon, Republic of Korea	2014
34			韩国锦山郡传统人参农业系统 Geumsan Traditional Ginseng Agricultural System, Republic of Korea	2018
35		斯里兰卡（1 项）	斯里兰卡干旱地区梯级池塘－村庄系统 The Cascaded Tank-Village System in the Dry Zone of Sri Lanka, Sri Lanka	2017

（续）

序号	区域	国家	系统名称	FAO 批准年份
36	亚洲（9国、36项）	孟加拉国（1项）	孟加拉国浮田农作系统 Floating Garden Agricultural Practices, Bangladesh	2015
37		阿联酋（1项）	阿联酋艾尔与里瓦绿洲传统椰枣绿种植系统 Al Ain and Liwa Historical Date Palm Oases, the United Arab Emirates	2015
38		伊朗（3项）	伊朗喀山坎儿井灌溉系统 Qanat Irrigated Agricultural Heritage Systems of Kashan, Islamic Republic of Iran	2014
39			伊朗乔赞山谷地区传统葡萄种植系统 Grape Production System in Jowzan Valley, Islamic Republic of Iran	2018
40			伊朗传统藏红花种植系统 Qanat-based Saffron Farming System in Gonabad, Islamic Republic of Iran	2018
41	非洲（6国、8项）	阿尔及利亚（1项）	阿尔及利亚埃尔韦德绿洲农业系统 Ghout System	2005
42		突尼斯（1项）	突尼斯加法萨绿洲农业系统 Gafsa Oases, Tunisia	2005
43		肯尼亚（1项）	肯尼亚马赛草原游牧系统 Oldonyonokie/Olkeri Maasai Pastoralist Heritage, Kenya	2008
44		坦桑尼亚（2项）	坦桑尼亚马赛游牧系统 Engaresero Maasai Pastoralist Heritage Area, Tanzania	2008
45		坦桑尼亚（2项）	坦桑尼亚基哈巴农林复合系统 Shimbwe Juu Kihamba Agro-forestry Heritage Site, Tanzania	2008

（续）

序号	区域	国家	系统名称	FAO 批准年份
46	非洲（6国、8项）	摩洛哥（2项）	摩洛哥阿特拉斯山脉绿洲农业系统 Oases System in Atlas Mountains, Morocco	2011
47			摩洛哥坚果农牧系统 Argan-based agro-sylvo-pastoral system within the area of Ait Souab-Ait and Mansour, Morocco	2018
48		埃及（1项）	埃及锡瓦绿洲椰枣生产系统 Siwa Oasis, Egypt	2016
49	欧洲（3国、6项）	西班牙（3项）	西班牙拉阿哈基亚葡萄干生产系统 Malaga Raisin Production System in La Axarquía, Spain	2017
50			西班牙阿尼亚纳海盐生产系统 The Agricultural System of Valle Salado de Añana, Spain	2017
51			西班牙古老橄榄树系统 The Agricultural System Ancient Olive Trees Territorio Sénia, Spain	2018
52		意大利（2项）	意大利温布里亚地区山坡橄榄树林系统 Olive Groves of the Slopes between Assisi and Spoleto, Italy	2018
53			意大利苏阿维传统葡萄园 Soave Traditional Vineyards, Italy	2018
54		葡萄牙（1项）	葡萄牙巴罗佐农－林－牧系统 Barroso Agro-sylvo-pastoral System, Portugal	2018
55	美洲（3国、3项）	智利（1项）	智利智鲁岛屿农业系统 Chiloé Agriculture, Chile	2005

（续）

序号	区域	国家	系统名称	FAO 批准年份
56	美洲（3国，3项）	秘鲁（1项）	秘鲁安第斯高原农业系统 Andean Agriculture, Peru	2005
57		墨西哥（1项）	墨西哥传统架田农作系统 Chinampa system in Mexico, Mexico	2017

2. 中国重要农业文化遗产

我国有着悠久灿烂的农耕文化历史，加上不同地区自然与人文的巨大差异，创造了种类繁多、特色明显、经济与生态价值高度统一的重要农业文化遗产。这些都是我国劳动人民凭借独特而多样的自然条件和他们的勤劳与智慧，创造出的农业文化的典范，蕴含着天人合一的哲学思想，具有较高的历史文化价值。农业农村部于2012年开始中国重要农业文化遗产发掘工作，旨在加强我国重要农业文化遗产的挖掘、保护、传承和利用，从而使中国成为世界上第一个开展国家级农业文化遗产评选与保护的国家。

中国重要农业文化遗产是指"人类与其所处环境长期协同发展中，创造并传承至今的独特的农业生产系统，这些系统具有丰富的农业生物多样性、传统知识与技术体系和独特的生态与文化景观等，对我国农业文化传承、农业可持续发展和农业功能拓展具有重要的科学价值和实践意义"。

截至2019年6月，全国共有4批91项传统农业系统被认定为中国重要农业文化遗产。

中国重要农业文化遗产（91项）

序号	省份	系统名称	批准年份
1	北京（2项）	北京平谷四座楼麻核桃生产系统	2015
2		北京京西稻作文化系统	2015
3	天津（1项）	天津滨海崔庄古冬枣园	2014
4	河北（5项）	河北宣化传统葡萄园	2013
5		河北宽城传统板栗栽培系统	2014
6		河北涉县旱作梯田系统	2015
7		河北迁西板栗复合栽培系统	2017
8		河北兴隆传统山楂栽培系统	2017
9	内蒙古（3项）	内蒙古敖汉旱作农业系统	2013
10		内蒙古伊金霍洛旗农牧生产系统	2017
11		内蒙古阿鲁科尔沁草原游牧系统	2014
12	辽宁（3项）	辽宁鞍山南果梨栽培系统	2013
13		辽宁宽甸柱参传统栽培体系	2013
14		辽宁桓仁京租稻栽培系统	2015
15	吉林（3项）	吉林延边苹果梨栽培系统	2015
16		吉林柳河山葡萄栽培系统	2017
17		吉林九台五官屯贡米栽培系统	2017
18	黑龙江（2项）	黑龙江托远赫哲族鱼文化系统	2015
19		黑龙江宁安响水稻作文化系统	2015
20	江苏（4项）	江苏兴化垛田传统农业系统	2013
21		江苏泰兴银杏栽培系统	2015
22		江苏高邮湖泊湿地农业系统	2017
23		江苏无锡阳山水蜜桃栽培系统	2017

（续）

序号	省份	系统名称	批准年份
24	浙江（8 项）	浙江青田稻鱼共生系统	2013
25		浙江绍兴会稽山古香榧群	2013
26		浙江杭州西湖龙井茶文化系统	2014
27		浙江湖州桑基鱼塘系统	2014
28		浙江庆元香菇文化系统	2014
29		浙江仙居杨梅栽培系统	2015
30		浙江云和梯田农业系统	2015
31		浙江德清淡水珍珠传统养殖与利用系统	2017
32	安徽（4 项）	安徽寿县芍陂（安丰塘）及灌区农业系统	2015
33		安徽休宁山泉流水养鱼系统	2015
34		安徽铜陵白姜生产系统	2017
35		安徽黄山太平猴魁茶文化系统	2017
36	福建（4 项）	福建福州茉莉花种植与茶文化系统	2013
37		福建尤溪联合梯田	2013
38		福建福鼎白茶文化系统	2017
39		福建安溪铁观音茶文化系统	2014
40	江西（4 项）	江西万年稻作文化系统	2013
41		江西崇义客家梯田系统	2014
42		江西南丰蜜橘栽培系统	2017
43		江西广昌传统莲作文化系统	2017
44	山东（4 项）	山东夏津黄河故道古桑树群	2014
45		山东枣庄古枣林	2015
46		山东乐陵枣林复合系统	2015
47		山东章丘大葱栽培系统	2017

（续）

序号	省份	系统名称	批准年份
48	河南（2项）	河南灵宝川塬古枣林	2015
49		河南新安传统樱桃种植系统	2017
50	湖北（2项）	湖北赤壁羊楼洞砖茶文化系统	2014
51		湖北恩施玉露茶文化系统	2015
52	湖南（4项）	湖南新化紫鹊界梯田	2013
53		湖南新晃侗藏红米种植系统	2014
54		湖南新田三味辣椒种植系统	2017
55		湖南花垣子腊贡米复合种养系统	2017
56	广东（1项）	广东潮安凤凰单丛茶文化系统	2014
57	广西（3项）	广西龙胜龙脊梯田系统	2014
58		广西隆安壮族"那文化"稻作文化系统	2015
59		广西恭城月柿栽培系统	2017
60	海南（2项）	海南海口羊山荔枝种植系统	2017
61		海南琼中山兰稻作文化系统	2017
62	重庆（1项）	重庆石柱黄连生产系统	2017
63	四川（5项）	四川江油辛夷花传统栽培体系	2014
64		四川苍溪雪梨栽培系统	2015
65		四川美姑苦荞栽培系统	2015
66		四川盐亭嫘祖蚕桑生产系统	2017
67		四川名山蒙顶山茶文化系统	2017
68	贵州（2项）	贵州从江侗乡稻鱼鸭复合系统	2013
69		贵州花溪古茶树与茶文化系统	2015
70	云南（7项）	云南红河哈尼稻作梯田系统	2013
71		云南漾濞核桃－作物复合系统	2013

（续）

序号	省份	系统名称	批准年份
72	云南（7项）	云南普洱古茶园与茶文化系统	2013
73		云南广南八宝稻作生态系统	2014
74		云南剑川稻麦复种系统	2014
75		云南双江勐库古茶园与茶文化系统	2015
76		云南腾冲槟榔江水牛养殖系统	2017
77	陕西（3项）	陕西佳县古枣园	2013
78		陕西凤县大红袍花椒栽培系统	2017
79		陕西蓝田大杏种植系统	2017
80	山西（1项）	山西稷山板枣生产系统	2017
81	甘肃（4项）	甘肃迭部扎尕那农林牧复合系统	2013
82		甘肃岷县当归种植系统	2014
83		甘肃皋兰什川古梨园	2013
84		甘肃永登苦水玫瑰农作系统	2015
85	宁夏（3项）	宁夏灵武长枣种植系统	2014
86		宁夏中宁枸杞种植系统	2015
87		宁夏盐池滩羊养殖系统	2017
88	新疆（4项）	新疆吐鲁番坎儿井农业系统	2013
89		新疆哈密市哈密瓜栽培与贡瓜文化系统	2014
90		新疆奇台旱作农业系统	2015
91		新疆伊犁察布查尔布哈农业系统	2017